中原地区
皂荚栽培技术

◎ 范定臣　主编

黄河水利出版社
·郑州·

图书在版编目(CIP)数据

中原地区皂荚栽培技术/范定臣主编. —郑州:黄河水利出版社,2015.12

ISBN 978-7-5509-1304-2

Ⅰ.①中… Ⅱ.①范… Ⅲ.①皂荚-栽培技术-河南省Ⅳ.①S792.99

中国版本图书馆 CIP 数据核字(2015)第 299315 号

出 版 社:黄河水利出版社

地址:河南省郑州市顺河路黄委会综合楼 14 层　　邮政编码:450003

发行单位:黄河水利出版社

发行部电话:0371-66026940、66020550、66028024、66022620(传真)

E-mail:hhslcbs@126.com

承印单位:郑州瑞光印务有限公司

开本:787 mm×1 092 mm　1/16

印张:10.5　　插页:3

字数:203 千字　　印数:1—3 000

版次:2015 年 12 月第 1 版　　印次:2015 年 12 月第 1 次印刷

定价:36.00 元

皂荚树结果状

浓硫酸处理种子

芽苗嫁接

种子处理后

切接苗

芽苗嫁接苗

芽接苗

硬枝扦插

嫩枝扦插

硕刺皂荚示范林

硕刺皂荚丰产栽培示范林

硕刺皂荚结刺状

密刺皂荚结刺状

硕刺皂荚母株

密刺皂荚母株

皂荚间作

皂荚刺采收

野皂荚嫁接改良

《中原地区皂荚栽培技术》编委会

主　　编：范定臣

副 主 编：马群智　杨伟敏　王　晶

编写人员：（按姓氏笔画排序）

王晋生　王静洲　白保勋　田雷芳

刘艳萍　刘　江　刘兴信　何山林

何贵友　底明晓　范　玥　金　钰

张东斌　骆玉平　贺敬连　祝亚军

赵英普　秦育峰　索延星　董建伟

前言

皂荚浑身是宝,具药用、食用、饲草、化工、用材、观赏于一体,是一种多功能生态经济型树种,广泛用于营建城乡景观林、农田防护林、水土保持林、经济林、工业原料林等。皂荚在我国虽然分布很广,但长期以来,由于人为过度采伐利用和其自生自灭过程,在我国境内现已找不到完整的皂荚天然群体,仅保留残次疏林、散生木,群体处于濒危状态。但是,基于皂荚优良的生物学特性、良好的生态效益和作为绿色产业化原料开发利用的广阔前景,皂荚日益受到学者和林农的重视。

河南省是皂荚原产地之一,自古就有种植,在丘陵、坡地、村庄周围,常见百年以上古树,依然生机盎然,枝繁叶茂。30 年前,农村还保留着用皂荚粉洗衣服、皂荚种子做食品、皂刺熬制膏药的传统。20 世纪六七十年代,河南省便有多名群众结队,专业采集皂刺,外出采刺队伍,从小到大,从采到贩,一直延续至今,造就了大批皂刺经销商,有数万个家庭依靠经销皂荚刺走上致富路。

近十年,河南省在豫西、豫西南等地大力发展皂荚。仅嵩县已种植皂荚面积 5 万余亩,成为全国最重要的皂荚刺生产和经销地。全省近五年皂荚栽植面积在 30 万亩以上。随着皂荚利用价值的不断研究开发,河南省各地掀起了栽植药用皂荚的高潮。同时,对适应性强、产量高的药用皂荚新品种和丰产栽培新技术的需求显得更为迫切。河南省林业科学研究院皂荚项目课题组先后主持了河南省林业厅科技兴林项目“皂荚良种选育”“皂荚良种资源保存及定向培育技术研究”,河南省重点科技攻关“皂荚、油茶丰产栽培与快繁技术及抗旱技术研究”,中央财政林业科技推广示范其他推广示范项目“‘硕刺’皂荚良种推广及丰产栽培技术示范”等,对皂荚的良种选育及繁殖、定向栽培、低效林改造、病虫害防治等技术进行了研究,解决了河南省皂荚发展中的技术难题。本书既是对这些研究成果的总结,也是指导河南省皂荚发展的技术资料。

本书以“易懂、实用”为宗旨,运用朴实、简洁的语言,把最新的科研成果与常规的方法相结合,使最基层的林农能读懂、理解、运用好这本书,真正在农业产业结构调整和农民增收脱贫以及服务三农方面起到积极作用。

由于作者水平有限,时间仓促,以及目前有关皂荚栽培技术的研究不如其他常见树木深入,可参考资料较少,书中难免出现缺点和失误,敬请各位同行和专家不吝指正,以便修改补充。

编　者

2015 年 11 月

前言

目　录

第1章　河南省自然资源

1.1　地理位置

河南省位于我国中东部、黄河中下游,地理坐标介于北纬31°23′~36°22′,东经110°21′~116°39′。东接安徽、山东,北界河北、山西,西连陕西,南临湖北。东西长约580 km,南北相距约530 km,国土总面积16.7万km^2,占全国总面积的1.73%,居全国第十七位。地处沿海开放地区与中西部地区的结合部,是我国经济由东向西推进梯次发展的中间地带,呈承东启西、连南贯北之势,区位优势明显。

1.2　地形地貌

河南地形较为复杂,总的趋势是:由西向东逐渐降低,分为山地、丘陵和平原三大类型。山地主要分布在北部、西部和南部。北为太行山;西为秦岭山系的东延部分,在河南境内呈指状放射,自北而南分别为崤山、熊耳山、外方山、伏牛山等支脉;南有桐柏山、大别山。山地面积约4.4万km^2,占全省总土地面积的26.6%。按山体地貌大体可分为侵蚀石质山地、断块侵蚀山地和黄土覆盖石质山地。太行山和豫西山地山势陡峭,太行山海拔多在1 000 m左右,豫西山地多在1 000 m以上,老鸦岔、老君山、石人山、玉皇顶等山峰海拔均在2 000 m以上。南部桐柏山、大别山海拔一般为600~800 m,太白顶、黄毛尖、黄柏山、金刚台等山峰海拔均在1 000 m以上。山区是黄河、淮河、长江和海河的干流和众多支流的发源地,是重要的林业生产基地,生态区位十分重要。丘陵面积约2.96万km^2,占全省总土地面积的17.7%。在黄河、伊河、洛河和涧河两岸,主要为沟壑纵横的黄土丘陵,海拔多为200~500 m。伏牛山南麓、桐柏山与大别山北麓,多系洪积而成的岗地,海拔 100 ~ 200 m。这里人口稠密,耕垦历史悠久,天然林已破坏殆尽,水土流失严重,急需造林绿化。平原地区面积 9.3 万 km^2,占全省总土地面积的 55.7%。淮河以北、京广线以西多属山前平原,京广线以东为豫东黄淮海冲积平原;伏牛山南麓、桐柏山以西,是著名的南阳盆地。这些地区,地势平坦,海拔介于 50 ~ 200 m,是河南省重要的农业区。通过多年来坚持不懈的平原绿化建设,平原地区已经初步形成了以农田林网为主体,点、片、带、网相结合的综合农田防护林体系,生态环境大为改善,这里已成为河南省商品林生产基地。

1.3　水利和矿产资源

河南省河流众多,有大小河流 1 500 多条,分属海河、黄河、淮河和长江四大水系。流域面积在 100 km^2 以上的有 470 多条;流域面积在 1 000 km^2 以上的有 50 多条;流域面积超过 5 000 km^2 的有 16 条。流经河南的海河水系主要支流有卫河,发源于太行山,在河南省境内长 400 多 km,流域面积约 1.53 万 km^2,占全省总面积的 9.2%,包括新乡、濮阳、安阳、焦作、鹤壁等市的大部分地区。在河南省境内卫河的支流有 30 多条,其中较大的有安阳河、淇河等。黄河自潼关入豫,经河南北部,至台前县流入山东。在河南省境内全长 711 km,流域面积 3.62 万 km^2,占全省总面积的 21.7%。黄河入豫后,经中条山与崤山之间,水流湍急,自孟津注入平原,河床骤然变宽,泥沙大量沉积,形成“地上悬河”。其主要支流有伊河、洛河(合并后称伊洛河)、沁河和蟒河等。淮河发源于河南桐柏山,境内长约 340 km,流域面积 8.83 万 km^2,占淮河流域总面积的 46.2%,占全省总面积的 52.8%。淮河支流在河南有 260 多条,其中主要支流有浉河、白露河、史灌河、潢河、涡河、颍河、洪河、汝河、沙河等。河南西南部的唐河、白河和丹江是汉水的重要支流,经湖北流入汉水。汉水是长江最长的支流,在河南境内流域面积约 2.72 万 km^2,占全省总面积的 16.3%。

河南水库众多,库容 3 亿 m^3 以上的水库 17 座,其中有著名的小浪底水库、三门峡水库和丹江水库等,库容 1 亿 ~3 亿 m^3 的大型水库 8 座,库容1 000 万 ~

1亿 m^3 的中型水库101座,库容1 000万 m^3 以下的小型水库2 274座。

河南省属北方缺水省份。水资源数量少,时空分布不均衡。全省多年平均地表水资源量313亿 m^3,地下水资源量204亿 m^3,扣除重复计算量104亿 m^3,水资源总量413亿 m^3。人均水资源量440 m^3,亩均水资源量341 m^3。人均占有量是全国的1/5。

河南省矿产资源较齐全,储量丰富。在全省发现各类有用矿产123种,各类矿床(矿、点)产地3 000余处。探明了一定储量的有70种,已开采利用达78种。其中,保有储量位居全国前3名的有钼、蓝晶石、铸型用砂岩、天然碱、伊利石黏土、水泥配料用黏土、珍珠岩、镓、红柱石、耐火黏土、蓝石棉、天然油石、玻璃用凝灰岩、铝土矿、钨、铼、铁矾土等17种。2006年全省主要矿产资源保有储量:煤260.23亿t,铁11.97亿t,铝5.72亿t,钼375.58万t,金251.94 t。

1.4 气候条件

河南省处于我国东部季风区的中部,大致以伏牛山主脊与淮河干流的连线为界,气候处于北亚热带向暖温带过渡地带,受季风影响明显,具有明显的过渡性和季风型特色,有多种气候类型。界南属北亚热带湿润区,界北属暖温带半湿润区。气候特点是:春季干旱风沙多,夏季炎热雨充沛,秋季凉爽日照足,冬季寒冷雨雪少。由于河南地处中纬度,冷暖气团交替频繁发生,大陆季风气候显著,主要灾害是旱灾和水灾,其次是霜冻、冰雹、干热风等。

1.4.1 气温和地温

河南省年平均气温一般在12.8~15.5 ℃。分布趋势南部高于北部,东部高于西部。豫西山地和太行山地,因地势较高,气温偏低,年平均气温在13 ℃以下;南阳盆地因伏牛山阻挡,北方冷空气势力减弱,且淮南地区位置偏南,年平均气温均在15 ℃以上,成为全省两个比较稳定的暖温区。全省冬季寒冷,最冷月(1月)平均气温在0 ℃左右(南部在0 ℃以上,如信阳为2.3 ℃;北部在0 ℃以下,如郑州为-0.3 ℃)。春季(4月)气温上升较快,豫西山区升至13~14 ℃,黄淮平原可达15 ℃左右。夏季(7月)炎热,平均气温分布比较均匀,除西部山区因垂直高度的影响,平均气温在26 ℃以下外,其他广大地区都在27~28 ℃。秋季气温开始下降,10月平均气温山地下降到13~14 ℃,平原下降到15~16 ℃,而南阳盆地和淮南地区都在16 ℃以上。全省无霜期为190~230 d。河南具有明显的大陆气候特点。全省各地最热月都出现在7月,6月、7月全省平均气温在25~28 ℃,不少地区极端最高气温可达40 ℃以上,全省个别年份持续出现过40 ℃高温一周左右,驻马店达到过16 d纪录,但出现机会少,时间短;最冷月出现在1月,年绝对最低气温多年平均值大都在-14~-10 ℃,极端最低气温不少地区可达-20 ℃左右。

河南省各地年平均地温悬殊不大,一般为15~17 ℃。北部略低,南部稍高。各月平均低温与年平均低温均略高于相应地区气温。一般在11月下旬出现冰冻,2月下旬与3月上旬解冻,最大冻土层深度20~30 cm。1月地面平均温度北部在0 ℃左右,南部信阳在2 ℃以上。7月地面平均温度在30 ℃左右,南北相差不大,1月与7月相差30 ℃以上。1月5 cm以下平均地温多在0 ℃以上;7月5 cm以下平均地温大部分均在30℃以下,且越深相差越小,各月份悬殊也越小。

1.4.2 降水

河南省年平均降水量在600~1200 mm,淮南降水量最多达1 000~1 200 mm,黄淮之间为700~900 mm,豫北和豫西丘陵为600~700 mm。全省降水量在季节分配上很不均匀。夏季6月、7月、8月三个月,全省绝大部分地区降雨可占全年降水总量的50%~60%,其中又以7月、8月两个月降水特多,雨量可占到全年的50%以上。冬季降水量仅占年降水量的7%以下,春、秋两季也只占年降水量的18%左右。本省全年降雪的平均始现至终止时间长约三个多月。

降水量的季节分布,对林业生产较为有利,特别是4~10月是植物生长旺盛季节,也是全省各地降水较多的月份,一般可占全年降水量的80%~90%。淮南地区为800~1 000 mm,黄河两岸和豫西沿黄河丘陵地区为500 mm左右。

1.4.3 湿度

河南省年平均相对湿度为65%~77%,豫南地区略高,豫北地区稍低。

从各月平均相对湿度看,豫南地区1~2月最低,相对湿度为65%左右;豫北地区3~5月最低,相对湿度为50%左右。全省各地相对湿度的最高点均在7月、8月,为70%~80%。

平均绝对湿度:夏季可达12~30 hPa,冬季仅2.5~10 hPa,春季在4~15 hPa,秋季在3~20 hPa。

1.4.4 蒸发量

蒸发量的分布与大气湿度相反,从地区看,大体上是由南向北、由西向东递增,年平均蒸发量最高值为2 135.5 mm,出现在郑州;最低值为1 398 mm,出现在信阳。豫西山区的腹地栾川县为1 485.9 mm,而豫东平原最东部的商丘为1 805.7 mm。

1.4.5 日照条件

全省全年可得太阳照射的总时数(日照积累数)为4 428.1~4 432.3 h。其中,实际日照时数为2 000~2 600 h。日照百分率为45%~58%,全年总辐射量为460~523 kJ/cm^2,其中能被植物利用的部分,即光合有效辐射总量为230~259 kJ/cm^2。

全省有四个光合有效辐射量高值区:黄河平原区、大别山北麓丘陵平原区、豫西黄土丘陵区和太行山南段山前丘陵平原区。年光合有效辐射量在239~259 kJ/cm^2。日照时数多达2 200~2 600 h,日照百分率达53%~59%,其光能资源相当丰富,对植物生长极为有利。

1.4.6 不利气候条件

河南地处中原,冷暖空气交流频繁,易造成旱、涝、干热风、大风、沙暴以及冰雹等多种自然灾害。

1.4.6.1 干旱

干旱是影响平原农业生产最重的自然灾害。据可考历史资料记载,河南合计干旱年份为395个,占总年数的60.4%,河南素有“十年九旱”之说。从季节来说,春旱出现最频繁,占37%,且旱期长,无透雨日一般有60~70 d,最长达90 d;初夏旱出现居第二位,占29%;秋旱最少,只占14%。春旱和初夏旱的发生时间,全省基本一致,但干旱的解除时间,则由南向北逐渐推迟。春旱分布是北部多于南部,伏旱则南部多于北部。掌握天气干旱规律,可以提前做好抗旱准备,保证林木正常生长。

1.4.6.2　暴雨

暴雨是河南省主要灾害性天气之一。暴雨往往造成山前平原的洪水威胁,低洼排水不良地区的内涝灾害等。暴雨6~9月较多,特别集中在7月、8月两个月,一般占暴雨总次数的一半以上。暴雨是洪涝的主要影响因素。暴雨的频发地区及其河流下游地形低洼、排水不畅地带,也是洪涝灾害严重的地带。暴雨常引起洪、涝灾害,致使农作物减产和苗木生产受损,并冲毁土地、堤坝和农田水利工程等。暴雨和洪涝灾害是苗圃及示范林选址时不选低洼地的重要因素。

1.4.6.3　干热风

干热风又叫火风、热风。一般在春末夏初出现,此时正值小麦灌浆到乳熟阶段,对小麦和苗木生长发育危害极大。河南平原各地每年都有不同程度的干热风发生,以豫东北平原地区最甚。就全省来看,干热风发生概率有由南向北、自西向东逐渐递增的趋势。

干热风的危害程度不仅与其本身强度和持续时间有关,还与小麦品种和苗木种类、地形及土壤质地等有关。一般岗地和洼地干热风危害比平原重,沙土地比黏土地重。营造农田防护林,是预防干热风危害的有效措施。

1.4.6.4　大风与沙暴

大风是主要灾害性天气之一。一般把8级及其以上的风称为大风(≥17.0 m/s)。河南省主要大风区为豫东平原东部地区。从大风的季节分布来看,春季大风日数最多,风向多为偏北风和北风。

大风引起沙尘飞扬,若能见度小于1 000 m,称之为沙暴。沙暴不仅毁坏农作物,而且历史上还曾埋没过房屋和良田。沙暴发生具有明显的季节性特征,一般是冬、春最多,夏季少,在一年之中沙暴明显地集中在春季3月、4月、5月三个月中。

大风和沙暴主要通过营造防护林和固定沙源来防治,随着平原林业的发展，大风和沙暴的危害正在日趋减少。

1.4.6.5　**冰雹**

冰雹对局部地区来说，危害性很大。河南省降雹地理分布特点：第一，降雹次数较多的地区多分布在太行山东南部、伏牛山地、桐柏大别山北部，呈一条弧状长带形，集中于山地和平原的交界地区；第二，北部多于南部，太行山东麓平原多于桐柏大别山北部；第三，山地多于平原，而山地中河谷盆地又多于一般山地。冰雹对苗木生产危害极大，甚至造成苗木全部折断，要提前做好预防冰雹危害的措施，把损失降低到最小。同时，对遭受冰雹危害的苗木，根据损害程度，采取修剪、平茬、扶直等措施进行管理。

1.5　土壤资源

河南省土壤类型繁多，分为 7 个土纲、13 个亚纲、19 个土类、44 个亚类、150 个土属。其中，分布面积较大、与林业发展关系密切的土壤有褐土、黄褐土、潮土、棕壤、黄棕壤、砂姜黑土、风沙土、盐土、碱土、盐碱土等。土壤分布具有明显的区域性、地带性特点，山地丘陵区土壤以褐土、黄褐土、棕壤、黄棕壤为主，淮北低洼易涝平原区及南阳盆地土壤以砂姜黑土为主，风沙区土壤以风沙土为主，一般平原区土壤以潮土为主。

1.5.1　棕壤

棕壤也称棕色森林土，是暖温带落叶阔叶林和针阔混交林下形成的土壤，林下土壤多属此土类。其组成的树种主要有栓皮栎、青冈、粗榧、千金榆、桦树、油松、华山松、白皮松、冷杉。分布区的母岩比较复杂，但多为花岗岩、片麻岩、灰岩及砂质岩。

棕壤主要分布在太行山、伏牛山、大别山及桐柏山林区，海拔在 1 000 m 以上的山地。在安阳、焦作、济源、三门峡、洛阳等市林区有分布，面积不大。

棕壤的特征：全剖面以棕色或浅棕色为主，质地黏重，具有坚实的心土层，核状或棱块状结构，通透性差。林下土壤养分含量较高，0 ~ 20 cm 土层养分平均含量：有机质 3. 92%，全氮 0. 246%，速效磷 6. 8 mg/kg，速效钾

169 mg/kg。土壤为弱酸性反应,pH 值为 6.5 左右,在酸性基岩上发育的棕壤 pH 值可达 5.5 ~6.0。土壤黏土矿物以蛭石和水化云母为主,土壤胶体吸附性较强,吸附性阳离子以钙、镁为主。

1.5.2 褐土

褐土是在暖温带半湿润季风气候条件,干旱森林与灌木草原植被情况下,经过黏化过程和钙积过程发育而成的土壤。

褐土主要分布在三门峡、洛阳、焦作、新乡、许昌、安阳、鹤壁、郑州、平顶山等地区的落叶阔叶林、农田林网经济林下。褐土分布区主要在黄土丘陵,也有石质中低山及阶地。母质多为黄土及黄土状物质,山地多为各种基岩风化的残积、坡积物。

褐土分布面积大,类型多,其典型褐土具有以下特点:土壤剖面具有暗灰色的腐殖质层、棕褐色的黏化层、具有碳酸盐新生体的钙积层及以下的母质层。土壤质地多为轻壤或中壤,疏松易耕,通透性良好。0 ~20 mm 土层养分平均含量:有机质 1.31%,全氮 0.076%,速效磷 6. 4 mg/kg,速效钾 127. 6 mg/kg。土壤为中性至微碱性反应,pH 值一般为 7.0 ~8.5。土壤黏土矿物以水云母和蛭石为主。

1.5.3 黄棕壤

黄棕壤分布于亚热带北缘,主要分布在河南省大别山、桐柏山及伏牛山主脉以南的丘陵、中低山区。包括南阳、信阳等地以及驻马店、平顶山的部分县(市)的落叶阔叶林、落叶阔叶含有常绿阔叶林、松林、杉林的林区。地带性植被是落叶阔叶林,但杂生有常绿阔叶树种。黄棕壤区母质类型比较复杂,成土母质在山地多为花岗岩、千枚岩、砂页岩风化物,在岗地为下蜀黄土。

黄棕壤的形态特征:枯枝落叶层之下是一个暗灰棕色的腐殖质层;心土层呈棕色或黄棕色,质地黏重,呈棱块和块状结构,夹杂有棕色或暗棕色胶膜及铁锰结核,有的黏粒很多的便形成黏盘层。心土层以下为母质层;土壤质地偏黏,通透性差;土壤养分含量适中,有机质和全氮含量变化大,自然植被下的表土层为20～40 g/kg,耕地土壤表层一般仅10 g/kg左右。土壤呈酸性或弱酸性反应,pH值为4.8～6.5。

1.5.4　黄褐土

黄褐土主要分布在北亚热带、中亚热带北缘以及暖温带南缘的低山丘陵或岗地,在河南省的伏牛山南坡与沙河、颍河一线以南的丘陵、垄岗地带和沿河阶地有大量分布,一般在海拔300 m以下,集中分布在南阳、信阳、驻马店、平顶山及漯河等市林区。黄褐土主要是第四纪下蜀系黄土母质上发育的土壤,其特征如下:全剖面黄褐色,心土层是一个坚实的黏化层,有的已形成黏盘层,有大量的铁锰结核,黏化层以下有的有石灰结核,但无游离的碳酸钙。母质层多为质地均一、颜色黄褐的下蜀系黄土。

土壤质地黏重,质地多为黏壤至黏土,块状与棱块状结构,通透性差,地表易积水,表层土壤养分平均含量:有机质1.14%,全氮0.077%,速效磷5.4 mg/kg,速效钾120.6 mg/kg。土壤多呈中性反应,pH值为6.4～7.6,黄褐土的黏土矿物以伊利石为主,并含有高岭石和绿泥石。黏粒的硅铁铝率剖面上下基本一致,说明淋溶作用较弱。

1.5.5　潮土

潮土是河南省分布面积最大的土壤,约占全省土壤面积的1/3。主要分布在黄淮海平原,其次是南阳盆地和山地丘陵地区的谷间平地。主要分布在商丘、周口、开封、新乡、濮阳、安阳、焦作、郑州、许昌、信阳、南阳等市。

潮土分布区地势平坦,坡度一般在1/2 000～1/4 000,由于河流多次泛滥改道,形成不少的自然堤、缓岗及洼地。中小地形的变化,使土壤母质和水分条件发生了明显差异,一般自然堤分布的为沙性土,缓坡地多为壤质土,洼地多为黏性土。

潮土是河流冲积母质在地下水参与下经过旱耕熟化过程形成的。其特征如下:潮土的剖面可分为三层,耕作层为浅棕黄色或浅灰棕黄色,疏松多孔,通透性良好。心土层浅棕色、稍紧实、块状结构、土体湿润、常见铁锈斑纹及结核,有的还有石灰结核。底土层为浅黄棕色藏浅灰棕色,紧实,有大量铁锰斑纹、胶膜及结核,还夹杂有石灰结核,在地下水较高的情况下,土层下部往往有灰蓝色的潜育层。土壤质地因母质不同差异较大,沙质、壤质、黏质都有。潮土的养分状况与土壤的质地类型有明显的相关性。沙质潮土保水保肥能力差,有机质及养分积累少,肥力偏低;黏质潮土有较多的有机质及黏粒,养分易于积累,潜在肥力较高;壤质潮土质地适中,理化性状好,土壤内部水、热、气、肥等因素比较协调,易培育成高肥土壤。潮土一般呈中性至微碱性反应,pH值为7.5~8.5,富含碳酸钙,豫南及豫西南的潮土碳酸钙含量少,pH值也较低,一般为7.0~7.5。

1.5.6 砂姜黑土

砂姜黑土主要分布在黄淮海平原和南阳盆地的湖坡洼地。集中在周口、驻马店、南阳等地,许昌、平顶山、商丘等市也有零星分布。

砂姜黑土分布区,地势低洼平坦,多分布在河间洼地、湖坡洼地、山前交接洼地和岗间洼地等地貌单元。土壤母质是以湖相沉积物为主的河湖相沉积物,岩性为黑色或灰黑色亚黏土和灰黄色亚黏土互层,富含游离碳酸钙。

砂姜黑土的特征:上层是一个“腐泥黑土层”(黑土层),颜色深暗,有机质含量为1.0%~2.0%,土质黏重紧实。黑土层以下是一个杂色的砂姜层,砂姜多的可形成坚硬的砂姜盘。砂姜层以下是一个带有灰蓝色的灰白色潜育层。土质黏重,土质多为黏壤土至黏土,通气、透水性差,孔隙率小于10%,有效水分少,易旱、易涝,湿时泥泞,干时坚硬、裂缝。土壤全量养分含量较高,但速效养分含量较低。

1.5.7 风沙土

风沙土主要分布在黄河历代变迁的故道滩地,由主流挟带的沙质沉积物经风力搬运而形成。在豫北、豫东黄河故道均有分布。包括安阳、鹤壁、濮阳、新乡、三门峡、郑州、开封、商丘等市。

河南省风沙土的母质主要是河流沉积物,特别是黄河从黄土高原地区挟带大量泥沙,在主流所经处沉积下来的较粗的颗粒主要是沙粒。由于沙粒松散,黏结性小,保水性差,故在干旱多风季节,容易被风吹扬搬运、堆积形成风积物,而后经过较短的成土作用形成风沙土,所以河流沉积的沙粒是风沙土母质的主要物质来源。沙粒的主要矿物成分是石英,风沙土不仅缺乏有机质与氮素,而且磷、钾、钙等元素含量亦较一般土壤低。通气、透水性能良好,保水、保肥性能较差。

风沙土是在风积母质上经过风沙的经常搬运流动,耐旱草本植物的着生与繁衍,灌丛、乔木等植物的逐步演替并占据优势,使土壤黏粒逐渐增加,土壤腐殖质初步积累而形成,其形成过程分为流动、半固定与固定三个不同的阶段。我们可以根据不同阶段采取不同的造林模式。

1.5.8 红黏土

红黏土主要分布在豫西崤山与熊耳山两侧的低丘台地、邙山的残丘中上部、南阳盆地的周边岗地和淮河以南的垄岗地区。集中分布在洛阳、三门峡两市。另外,在太行山区也有零星分布。南阳、信阳、平顶山、郑州、鹤壁、新乡、安阳等市林区也有零星分布。

红黏土是第三或第四纪形成的红色风化壳出露地表后发育而成的岩成土壤。在母质形成时期水热条件充足,物理风化和化学风化过程强烈,矿物分解较为彻底,氧化铁含量高,所以颜色发红,质地偏黏。

红黏土特征:土壤整体为红色或红棕色,结构致密少孔,干硬坚实,心土层以块状和棱块状结构为主,除表层因人为的影响土壤较疏松外,土下土层形态特征变化不大。土质黏重,通体以黏壤或黏土为主,土壤呈中性或微碱性反应,pH 值为 7.0 ~ 8.0。土壤缺氮少磷富钾,全氮平均 0.086%,速效磷 6.1 mg/kg,速效钾 184.5 mg/kg。土壤吸附能力强,阳离子交换量多数在 25 mmol/100 g 左右,吸附性离子以钙、镁为主。

1.5.9 紫色土

紫色土主要分布在豫西和豫南低山丘陵区的洛阳、三门峡、平顶山、南阳、信阳等市林区,面积不大。

紫色土是在紫色岩风化物上发育的一种岩成土,基岩的特性对土壤影响很大。河南省紫色岩多为第三纪的红色砂岩、紫色砂岩、紫色页岩,白垩纪的紫色砂页岩、砖红色砂岩,侏罗纪的棕紫色砂页岩和红紫色泥岩。

根据土壤碳酸钙淋洗程度和酸碱度的不同,河南省紫色土可分为中性紫色土和石灰性紫色土。

1.5.10 盐土、盐碱土、碱土

1.5.10.1 盐土

河南省盐土类多呈斑块状、条带状与潮土插花相间,并常与盐碱土、碱土形成复区,集中分布在豫东北黄淮海冲积平原中的交接背河洼地、槽形与碟形洼地。主要以商丘、开封、新乡、濮阳、安阳、鹤壁与郑州等市面积较大,周口亦有零星分布。

盐土的盐分多集中于0~20 cm表土层中,冬春干旱季节,地表往往形成白色盐霜与盐结皮。土壤没有发育层次,只有河流冲积物形成的质地层次,土体下部有铁锈斑纹。

根据表层盐分含量多寡,将其划分为潮盐化土和潮盐土2个亚类。

(1)潮盐化土:主要分布于商丘、开封、新乡、濮阳与安阳等市。表层全盐量为1~7 g/kg,碱化度<10%。

(2)潮盐土:主要分布于新乡市获嘉县,占盐土面积的0.39%。全盐量>7 g/kg,碱化度<10%。

1.5.10.2 盐碱土

盐碱土与盐土、碱土交错分布,主要分布在豫东、豫东北黄河、卫河沿岸冲积平原上的二坡地和一些槽形、碟形洼地上,即商丘、开封、新乡、濮阳、安阳等市。盐碱土表层有黄白色盐霜与结皮,含盐土层稍深且上下层含盐量不明显。各层质地差异很大,下部土层有铁锰锈斑纹。

根据盐分含量多少、碱化度大小及pH值高低,将其划分为以下2个亚类:

(1)潮盐碱化土:集中分布于商丘市的虞城、梁园和睢阳、宁陵、永城、民权、夏邑等县(区),开封市的兰考、开封等县,新乡市的原阳、封丘、长垣、新乡等县,濮阳市的台前、范县和濮阳等县,安阳市的内黄县等。潮盐碱化土表层全盐量1~7 g/kg,碱化度为10%~45%,pH值为9.0左右。

（2）潮盐碱土：集中分布于开封市兰考县许河乡的老牛圈及仪封乡、三义寨乡。土表层积盐量 >7g/kg。冬春旱季，地表为白色盐霜，夏秋暖湿季节呈棕褐色盐结皮或灰白色硬结壳。全剖面石灰反应强，pH 值为 9.0 左右。

1.5.10.3　碱土

碱土分布于盐土和盐碱土类的稍高地形部位，主要分布于商丘、濮阳、新乡等市。

碱土表层盐分含量不高，但盐分向下渗入较深且上下土层盐分变化不太显著。地表有暗灰棕色或暗黄棕色水迹及黄白色盐霜与结皮，结皮下有蜂窝状孔，质地轻重不一，土体下部有铁锰锈斑纹。

根据表层盐分含量多少，可将其划分为潮碱土和盐化潮碱土 2 个亚类，河南只有盐化潮碱土 1 个亚类。

1.5.11　水稻土

水稻土集中分布在河南省淮南地区，豫西伏牛山区及豫北太行山区较大河流沿岸、峡谷盆地及山前交接洼地，凡有水源可资灌溉处均有水稻土分布，但分布较零星。水稻土以信阳市最多，驻马店市、南阳市其次，新乡、平顶山、洛阳、焦作等市亦有一定的面积，其他如安阳市、郑州市亦有极零星分布。

依据水型不同形成具有不同特征的层段，将水稻土分为淹育型水稻土、潴育型水稻土、潜育型水稻土、漂洗型水稻土 4 个亚类。

1.6　植　被

河南省地域广阔，地形复杂，南北气候交错，形成了植物和群落千差万别的生境条件，因而构成了多种多样的植被类型，群落的植物种类、特征和结构多样化，具有南北过渡的特点。全省维管束植物约 4 473 种，分属于 197 科、1 191 属。植被大致以伏牛山主脊和淮河干流一线为界，北部为南暖温带落叶阔叶林地带，南部为北亚热带常绿阔叶林地带。根据河南省地带性森林植被类型和植被组成成分的特点，共划分以下四个森林植被区：

（1）豫西、豫西北山地、丘陵、台地落叶阔叶林植被区。该区因海拔高差大,地形极为复杂,森林植被垂直变化明显,具有南北过渡的特征。海拔600 ~ 1 200 m 以栓皮栎、麻栎为建群种,海拔 1 000 ~ 1 700 m 以槲栎、锐齿槲栎为建群种。混生树种有侧柏、青檀、槲树、水曲柳、千金榆、鹅耳枥、四照花、椴树、白桦、元宝枫、楸树、樱桃、连香树、黄连木、香椿、臭椿、榆树、榉树、领春木、刺槐等。针叶林以油松、华山松、侧柏为建群种,伏牛山高海拔地带有零星的太白冷杉、铁杉,20 世纪 60 年代引种的日本落叶松生长良好。林下灌木有河南杜鹃、荆条、酸枣、黄栌等。

(2) 黄淮海平原栽培植被区。该区是华北大平原的重要组成部分,因开垦历史悠久,天然植被已被人工栽培植被更替。主要森林植被为防风固沙林、农田防护林、护路林、护岸林等。所栽培的树种大多是温带的落叶树种,主要有杨树、泡桐、刺槐、柳树、臭椿、白榆、白蜡树、桑树、苦楝、枣树、柿树、苹果、楸树等。有少量的常绿树种,如侧柏、桧柏、油松等。

(3) 伏南山地、丘陵、盆地常绿、落叶阔叶林植被区。此区虽有南北东西成分交汇的特点,但山麓仍以北亚热带森林植被景观为主。地带性植被多以栓皮栎、麻栎、锐齿槲栎为建群种的落叶阔叶林和以马尾松为建群种的针叶林为主,海拔 900 m 以上有油松林分布,海拔 1 500 m 以上多为华山松林。林中除上述乔木树种外,还常混生有椴树、湖北枫杨、五角枫、梓树、辛夷、黄金楸、山茱萸等,经济树种以油桐、猕猴桃、漆树、核桃分布比较广泛。常见的灌木有连翘、盐肤木、黄荆、野山楂等。

(4) 桐柏大别山地、丘陵常绿、落叶阔叶林植被区。该区地处北亚热带向暖温带过渡地带的北部,典型森林植被以落叶栎类为主,并有少量常绿针叶树种。乔木层以栓皮栎、麻栎、槲栎、马尾松、黄山松、杉木等为主,伴生有乌桕、枫香、化香、山合欢、椴树、枫杨等落叶树种及少量油茶、三尖杉等常绿树种。灌木主要有山胡椒、胡枝子、三桠乌药、钓樟等。经济树种有茶树、板栗、油茶、油桐等。毛竹是本区特有树种。该区引进并大量栽植成功的有火炬松、湿地松。

1.7 野生动物资源

河南省野生动物资源较为丰富。全省约有陆生脊椎动物 522 种,其中两栖动物 20 种，爬行动物 38 种，鸟类 385 种，兽类 79 种，鱼类约 100 种。此外，河南省已定名的昆虫有 7 600 多种，占全国已定名昆虫种类的 12.7%。已列入国家和省重点保护野生动物名录的物种有 128 种，其中国家一级保护动物 14 种（包括引进放归自然野化的 2 种），国家二级保护动物 78 种，省重点保护动物 36 种，如大鲵、商城肥鲵、金雕、丹顶鹤、大天鹅、白冠长尾雉、红腹锦鸡、秃鹫、金钱豹、猕猴等，隶属于 6 纲 22 目 30 科。猕猴是旧大陆热带及亚热带的典型代表种，分布在太行山区，为我国猕猴分布的北界最集中的地方。

1.8　社会经济条件

2012 年末，河南省土地总面积 16.7 万 km^2，总人口 10 543 万，人口密度为 631 人/km^2。农业人口 8 427 万，农村劳动力 5 187 万人。全年国内生产总值 29 810.14 亿元，比 2011 年增长 10.1%，经济总量继续保持全国第五位，居中部省份首位；第一、第二、第三产业构成为 12.7∶57.1∶30.2，第二、第三产业占主导地位，比重达 87.3%。全年地方财政总收入 3 282.75 亿元，比 2011 年增长 15.1%。全省城镇居民人均可支配收入 20 442 元，农民人均纯收入 7 525元。全省粮食种植面积 998.52 万 km^2，粮食总产量 5 638.60 万 t，占全国粮食总产量的近 1/10，是全国重要的商品粮基地。

河南省交通便利，四通八达，自古就有“九州腹地，十省通衢”之称，目前更是承东启西、连南贯北的交通枢纽。现已形成了以郑州为中心，纵贯南北，连通东西的六纵（京九铁路、京广铁路、焦枝铁路和 106 国道、107 国道、207 国道）五横（陇海铁路、宁西铁路和 310 国道、311 国道、312 国道）和京珠高速公路、连霍高速公路、沪陕高速公路、阿深高速公路、二广高速公路为骨架，省道、县道、乡道为一体的交通运输网络。截至 2014 年年底，全省公路总里程达到 23.87 万 km（位居全国第一位），公路密度达到 1.415 km/km^2（位居全国第二位，仅低于上海）；高速公路通车里程由 2002 年年底的 1 231 km 提高到 2014 年年底的 5 859 km，由全国第八位跃居第一位；河南内河航运通航里程达到 1 439 km。扩建后的郑州新郑国际机场、方便快捷的邮电通信网络，为出入河南的游客提供了极为便利的条件。

1.9 林业布局及资源现状

据2013年第八次河南省森林资源清查结果,河南省林业用地面积504.987万 hm^2,占全省总面积的30.58%;非林业用地面积1 159.36万 hm^2,占全省总面积的69.42%。在林业用地中,有林地面积359.075万 hm^2,占林业用地面积的71.11%;疏林地面积3.57万 hm^2,占林业用地面积的0.71%;灌木林地面积57.742万 hm^2,占林业用地面积的11.43%;未成林造林地面积10.01万 hm^2,占林业用地面积的1.98%;苗圃地面积6.82万 hm^2,占林业用地面积的1.35%;无立木林地面积10.96万 hm^2,占林业用地面积的2.17%;宜林地面积56.64万 hm^2,占林业用地面积的11.22%;辅助林业生产用地面积0.17万 hm^2,占林业用地面积的0.03%。全省森林覆盖率24.21%。

河南省活立木蓄积22 880.68万 m^3,其中森林蓄积17 094.56万 m^3,占活立木蓄积的74.71%;疏林蓄积38.59万 m^3,占活立木蓄积的0.17%;散生木蓄积815.72万 m^3,占活立木蓄积的3.57%;四旁树蓄积4 931.81万 m^3,占活立木蓄积的21.55%。

河南省林业部门共建立各类自然保护区25个,总面积50万 hm^2,占全省国土面积的2.99%。其中,国家级8个;共建立省级以上湿地自然保护区17处、湿地公园10处,41.2%的自然湿地得到有效保护;共建立了29处国家级和104处省级森林公园,森林公园经营面积25.75万 hm^2,占全省国土面积的1.53%。

河南省湿地总面积66.51万 hm^2(不含水稻田)。其中,人工湿地17.57万 hm^2,河流湿地45.67万 hm^2,湖泊湿地0.30万 hm^2,沼泽湿地2.97万 hm^2。

第2章　概　述

皂荚(Gleditsia sinensis *Lam.*)属豆科(Leguminosae)苏木亚科(Caesalpinioideae)皂荚属(Gleditsia *Linn.*),是我国特有的乡土树种,它树体高大,雌树具有较强的结荚能力且结果期长。皂荚果是医药食品、保健品、化妆品及洗涤用品的天然原料;种子可消积化食开胃,并含有一种植物胶(瓜尔豆胶),是重要的战略原料;皂荚刺(皂针)内含黄酮甙、酚类、氨基酸,性温、味辛、无毒,主治痈肿、疮毒、病风、癣疮、胎衣不下,还有搜风、拔毒、消肿、排脓之功效,是良好的中成药原料,具有很高的经济价值、潜在的开发利用价值。皂荚根系发达,萌蘖能力强,有较强的适应性,可保持水土、防风固沙,具有良好的生态效益。

2.1　皂荚生物学与林学特性

2.1.1　形态特征

皂荚属(Gleditsia *Linn.*),落叶乔木或灌木。通常有刺,刺粗硬,圆形或扁压状,多有分枝。冬芽小,常3~4个纵向叠生,上面一个较大,具鳞片,下面的芽常被叶柄基部所遮蔽。叶为一回偶数羽状复叶,或二回偶数羽状复叶,互生于长枝而簇生于短枝上;小叶基部多偏斜,有锯齿,少全缘;托叶小。花杂性,花序总状,稀圆锥形,腋生;花萼裂片与花瓣为3~5枚,花萼钟状;花瓣近等形,略长或略短于花萼裂片;雄蕊6~10,近于等长,丁字着生,纵裂;花柱短,有大的顶生柱头。荚果扁直,镰状弯曲,或扭转,具种子一至多数。种子扁,近圆形或卵圆形,有胚乳。

其寿命和结实期都很长,大致可划分为幼年期、初果期、盛果期、衰果期和枯老期5个阶段。

幼年期:从幼苗到幼树第1次开花结果,经7~12年,嫁接繁殖的5~8年。

初果期:从第1次开花结果到结果盛期以前,这一阶段经5~10年。

盛果期:这一阶段可延续50~200年,有大小年之分。此期胸径生长趋于平缓。

衰果期:这一阶段可延续100~300年。秦岭、太行山、伏牛山等有300年左右结实的大树。

枯老期:树势衰退,生长极慢,或停止生长,呈现出衰老死亡的特征。

皂荚属(Gleditsia *Linn.*)系豆科苏木亚科,约12种,分布于亚洲、美洲、热带非洲。中国原产8种,河南分布4种,引进1种。河南省分布及引进品种检索如下:

分种检索表

1. 小叶小,一般全缘,长0.7~2.2 cm;叶一回与二回羽状复叶多在同一枝上,复叶上部的小叶与下部小叶常大小悬殊。荚果长约5.5 cm……………………………………………………………………1. 野皂荚 G. heterophylla

1. 小叶大,有各种锯齿,通常长2~10 cm。

 2. 荚果有小果与大果:小果新月形,长8~15 cm,宽1~2 cm,肥厚,熟时端面近扁圆形,无种子;大果扁平,长可达40 cm,宽3 cm,具种子数粒……………………………………………………………………2. 猪牙皂 G. officinalis

 2. 荚果1种。扁平或扭曲,长20~40 cm,宽2~4 cm。

  3. 荚果平直不扭。枝刺圆柱形。小叶3~7对……3. 皂荚 G. sinensis

  3. 荚果扭曲。枝刺扁。小叶4~9对……4. 山皂荚 G. melanacantha

2.1.1.1 **野皂荚(短角皂荚、山皂荚)**(Gleditsia heterophylla Bunge)

灌木或小乔木,高1.5~4.0 m。树皮灰色。刺长1~5 cm,基径1~2 mm,多为二分枝,少有单1或2个以上分枝,浅棕褐色。枝灰白色,略被疏毛,皮孔极细小,色黄,微凸,分布较密,当年生枝色较淡,密被灰黄色短柔毛。冬芽小,圆锥形,芽鳞边缘被有灰黄色短柔毛。一回或二回偶数羽状复叶,或两种复叶同生于一枝上,小叶5~14对,互生,或近对生,矩圆形,斜矩圆形或卵状斜矩圆形,先端钝圆,具微小凸尖头或不明显,基部偏斜,两面被短毛,长8~22(稀至25)mm,宽3~10 mm,上部小叶较下部小叶小得多,全缘,上面深绿色,脉与网脉较明显,下面色较淡,薄革质。花杂性,排列成穗状花序,腋生或顶生,花序轴被短柔毛;花梗极短;苞片卵形或披针形,外被柔毛;花萼钟状,长3~4 mm,裂片4,长卵形,长约2 mm,两面密生短柔毛;花瓣4,白色;雄蕊6~8,长于花瓣,花丝基部被长柔毛;子房柄长,柱头大,顶生。荚果具长梗,长椭圆形,扁薄,红褐色,破碎后内皮淡黄色,无毛,长3.5~7.5 cm,宽1.4~2 cm,顶端有细喙状尖头,长5 mm,每荚有种子1~3粒。种子扁椭圆形,长9~11 mm,宽6.5~8.5 mm。花期5~6月,果熟期9~10月。

野皂荚产自河北、山东、河南、山西、陕西、江苏、安徽等地,生于山坡阳处或路边,海拔130~1 300 m。

2.1.1.2　**猪牙皂**(Gleditsia officinalis *Hemsl.*)

乔木,高10~15 m。树冠广卵形或扁球形,枝开张。干皮深灰黑色,纵裂较深,呈长条状片裂。刺圆锥状,粗壮,单1或分枝,赤褐色,长3~6(稀达15)cm,基径可至6 mm,有时密集于老枝分杈处。小枝灰色,当年生枝色较浅,呈灰褐色,皮孔较显著。冬芽圆锥状,褐色,无毛,在芽鳞边缘有较密的白色细毛。一回偶数羽状复叶,长8~15(稀至20)cm,有小叶3~8对,互生,稀近于对生,卵状矩圆形或长卵形,稀倒卵状长卵形,先端钝圆,少有急尖,基部稍偏斜,圆形,稀宽楔形,长2~8 cm,宽2~4 cm,边缘有不规则细锯齿,薄革质,上面绿色,下面色淡,近无毛;小叶柄深褐色,密被柔毛。花杂性,总状花序顶生或腋生,花梗被白色细毛,小花梗长5~10 mm;花萼钟状,有裂片4,狭三角形,被腺毛;花瓣4,黄白色;子房具短柄,条形。荚果有小果与大果两种类型:小果镰状新月形,长8~15 cm,宽1~2 cm,肥厚,熟时端面近扁圆形,无种子;大果扁平,直或略弯曲,长可达40 cm,宽3 cm,具种子数粒。大、小果先端都具长喙,成熟后呈红棕色或黑棕色,果皮坚韧,无毛,略被白色霜粉。花期5~6月,果熟期9~10月。

2.1.1.3　**皂荚(皂角树)**(Gleditsia sinensis *Lam.*)(G. macrocantha *Desf.*;G. horrida *Willd.*)

乔木,高可达15 m。树冠广卵形。枝开张,干皮灰黑色,浅纵裂,裂纹相接,呈不规则片裂状。刺圆锥状,常分枝,赤褐色至灰褐色,长3~6(稀至16)

cm，基径可至5 mm。小枝灰绿色，当年生枝色较淡，皮孔较显著。冬芽圆锥状，多为2芽纵向叠生，赤褐色，无毛，在芽鳞边缘有较密的淡褐（白）色毛。一回偶数羽状复叶，长8～12（稀至18）cm，小叶3～7对，互生，稀近于对生，卵状披针形，长卵形，或长椭圆形，先端钝圆，少急尖，基部稍偏斜，圆形，稀宽楔形，长2.5～8 cm，宽1.5～3.5 cm，边缘有细锯齿，薄革质，上面淡黄绿色，下面色淡，近无毛，或沿中脉两边有柔毛，小叶柄黄褐色，密被白色短柔毛。花杂性，总状花序，腋生，花梗密被绒毛；小花梗长3～5 mm；花萼钟状，有裂片4，宽三角形，外密被绒毛，花瓣4，白色；雄蕊6～8；子房长条形，仅沿两边缘有白色短柔毛。荚果平直或略弯曲，但不扭转，长10～30 cm，宽2～4 cm，较肥厚，熟时黑色，多被有白色霜粉；每荚有种子10余粒，黑色，长9～19 mm，宽6～10 mm。花期5～6月，果熟期9～10月。

皂荚产自河北、山东、河南、山西、陕西、甘肃、江苏、安徽、浙江、江西、湖南、湖北、福建、广东、广西、四川、贵州、云南等省区。生于山坡林中或谷地、路旁，海拔自平地至2 500 m。常栽培于庭院或宅旁。

本种木材坚硬，为车辆、家具用材；荚果煎汁可代肥皂用以洗涤丝毛织物；嫩芽油盐调食，其子煮熟糖渍可食。荚、子、刺均入药，有祛痰通窍、镇咳利尿、消肿排脓、杀虫治癣之效。

2.1.1.4　山皂荚（Gleditsia melanacantha Tang et Wang）

乔木，高可达10 m。树冠广卵形；枝开张；干皮深灰褐色，纵裂；刺略扁，常分枝，黑棕色或深紫色，长2～7 cm，基径可达1 cm，且多密集，嫩枝灰绿色，有时为淡紫色或深紫色，但表皮常干裂呈薄纸状剥落，露出灰绿色或黄绿色内皮。在未干裂剥落前，很容易被误认为日本皂荚。皮孔很小，长椭圆形，淡黄绿色，不显著。一回或二回偶数羽状复叶，长10～25（稀至30）cm；一回羽状复叶有小叶3～10对，互生或近对生，卵状长椭圆形，长2～6（稀至8）cm，宽1.2～3 cm，先端急尖或圆形，基部宽楔形至圆形，稍偏斜，边缘具细锯齿，少全缘，两面疏生柔毛，沿中脉处较多，叶轴表面有一凹槽。花有短柄，呈细长总状花序。荚果长10～30 cm，宽1.5～3 cm，弯曲或扭转，质薄；种子靠近中部。花期5～6月，果熟期10～11月。

山皂荚产自辽宁、河北、山东、河南、江苏、安徽、浙江、江西、湖南等地。生于向阳山坡或谷地、溪边路旁,海拔100~1 000 m常见栽培。日本、朝鲜也有分布。

2.1.1.5 美国皂荚(Gleditsia triacanthos) 引进品种

落叶乔木或小乔木,高可达45 m;树皮灰黑色,厚1~2 cm,具深的裂缝及狭长的纵脊;小枝深褐色,粗糙,微有棱,具圆形皮孔;刺略扁,粗壮,深褐色,常分枝,长2.5~10 cm,少数无刺。叶为一回或二回羽状复叶(具羽片4~14对),长11~22 cm;小叶11~18对,纸质,椭圆状披针形,长1.5~3.5 cm,宽4~8 mm,先端急尖,有时稍钝,基部楔形或稍圆,微偏斜,边缘疏生波状锯齿并被疏柔毛,上面暗绿色,有光泽,无毛,偶尔中脉疏被短柔毛,下面暗黄绿色,中脉被短柔毛;小叶柄长约1 mm,被柔毛。花黄绿色;花梗长1~2 mm;雄花直径6~7 mm,单生或数朵簇生组成总状花序;花序常数个簇生于叶腋或顶生,长5~13 cm,被短柔毛;花托长约2 mm;萼片2~3,披针形,长2~2.5 mm;花瓣3~4,卵形或卵状披针形,长约2.5 mm,与萼片两面均同被短柔毛,雄蕊6~9;雌花组成较纤细的总状花序,花较少,花序常单生,与雄花序近等长;子房被灰白色绒毛。荚果带形,扁平,长30~50 cm,镰刀状弯曲或不规则旋扭,果瓣薄而粗糙,暗褐色,被疏柔毛;种子多数,扁,卵形或椭圆形,长约8 mm,为较厚的果肉所分隔。花期4~6月,果期10~12月。

美国皂荚原产自美国,常生于溪边和低地潮湿肥沃的土壤上,而较少生于干燥瘠薄的砂砾山丘上,多单株生长,偶尔成片。我国上海市的公园和植物园有栽培。

该品种在许多温带国家常栽培供观赏,也作绿篱和行道树。荚果据称含有29%的糖分而为牲畜所喜食。木材坚实,纹理较粗,颇耐用,为建筑、车辆、支柱等用材。

2.1.2 生态习性

皂荚性喜光而稍耐阴,喜温暖湿润的气候及深厚肥沃适当的湿润土壤,但对土壤要求不严,在石灰质及盐碱甚至黏土或砂土里均能正常生长。皂荚的生长速度慢但寿命很长,可达六七百年,属于深根性树种,需要6~8年的营养生长才能开花结果,但是其结实期可长达数百年。

2.1.3 林学特性

皂荚具有的优良林学特性,是纯林、混交林优良种质材料,资源环境建设的价值高,开发利用潜力大。尤其在西部大开发、退耕还林、天然林保护工程等建设中,皂荚是一种不可多得的生态经济型树种,是极具开发利用潜力的绿色产业原料资源。皂荚具有以下的主要林学特性。

2.1.3.1 抗旱节水性

Geyer(1993)在16个生态条件各异的试验点上,调查环境因子对美国中部大平原6个木本植物生物量的影响,结果表明,三刺皂荚和西伯利亚榆(Ulmus *pumiliaL.*)在第3年生物量为3~4 t/hm^2,且在半干旱或缺水地方表现尤好。Tilstone等(1998)试验确认三刺皂荚是退化的地中海半干旱滩地的速生树种。采用模糊数学方法,对8种低山石灰岩区主要植被的水保功能进行综合评测后发现,野皂荚的保水功能优于毛黄栌(Cotinus coggygria Scop.)、山合欢(Albizia macrophylla Bge.)、荆条(Vitexne - gundo Linn.)、酸枣(Zizyphus jujuba Mill.)。Robert等(1994)在研究皂荚等5个种对水分的相对需求规律时发现,三刺皂荚与山楂(Crategus phaenopyrum)的相对水分需求值比糖槭(Acer rubrum)、白蜡树(Fraxinus pennsylvanica)低,用索恩韦特公式估算实际水分消耗率与蒸发量呈良好相关,从而也佐证了三刺皂荚对水分敏感性低,是抗旱节水型优良树种。巴西、阿根廷引进三刺皂荚后发现其表现优于金合欢(Acacia caven),在冲积地的疏林或灌木丛中表现出抗旱和高度稳定性。

2.1.3.2 对极端温度的耐性

三刺皂荚是较耐热的树种。继Graves等(1991)提出三刺皂荚是在根际温度大于32 ℃时,仍能维持生长的唯一温带树种。Graves(1994)采用根际温度控制系统,以三刺皂荚与糖槭为试材进行试验,结果表明,三刺皂荚根际临界温度是34 ℃。此时,根冠干物质积累、根冠生物量、叶面积、水分吸收、蒸腾速率与在24 ℃时无明显差异,大于34 ℃会引起幼叶失绿和生长下降。同时,皂荚具有耐寒性。姚永胜(1998)报道,中国皂荚在宁夏银川市郊引种成功,未发生冻害。将山皂荚引种到黑龙江省哈尔滨地区种植,15年后树高10 m,胸径20 cm,并且能正常开花结实。三刺皂荚、糖槭、白蜡等树种在美国明尼苏达州对冻害(低温)有较强适应性。

2.1.3.3 固氮性

并非所有的豆科植物都能结瘤固氮,特别是苏木亚科的树种,绝大部分不能结瘤。皂荚根部长有根瘤,具有固氮性能,能在贫瘠的土壤中生长,且能较好地改良土壤。皂荚的结瘤量除受自身的遗传因素影响外,还受很多外界条件影响。如土壤含水量过高或过低,土壤中氧气、磷、钾、钙、钼的缺乏,光合作用不良等都对结瘤有不利影响,土壤含氮量对结瘤也有影响,苗期需要一定量氮肥,长大后控制施肥量,否则会抑制结瘤量。另外,据韩素芬等研究,用浓度适宜的2,4-D处理皂荚根系,能诱发根系形成更多的瘤状结构。

2.1.3.4 抗病虫性

Santamour 等(1993)在比较三刺皂荚等17个风景树种对根癌线虫病的抗性时发现,三刺皂荚对所有供试线虫均表现出显著的抗性。中国皂荚的乙醇提取物对松毛虫有抑食作用,且不具有毒性。另外,中国皂荚、三刺皂荚还表现出一定程度的耐盐性和耐修剪性。

2.2 皂荚分布现状

皂荚在我国分布广泛,北起河北、山西,南达福建、广东、广西,西至陕西、宁夏、甘肃、四川、贵州、云南,东及山东、江苏、浙江等省(区),分布与栽培覆盖区约占国土面积的50%,多栽培在平原丘陵地区。太行山、桐柏山、大别山、秦岭及伏牛山都有野生生长,垂直分布多在1 000 m以下,四川中部可达1 600 m。皂荚为深根性树种,喜光不耐庇阴,耐旱节水、耐高温,喜生于土层肥沃深厚的地方,但在年降水量300 mm左右的石质山地也能正常生长结实,在石灰岩山地及石灰质土壤上能正常生长,在轻盐碱地上,也能长成大树。

2.3 皂荚利用价值及其应用前景

2.3.1 皂荚种实资源作为工业原料的利用价值

近年来,南京野生植物研究所和中国林业科学研究院林业研究所等十几家研究表明,皂荚种实作为工业原料用途广泛,其中植物胶(瓜尔胶)将成为重要的战略原料资源。从中国皂荚种子中分离出的内胚乳片制成的植物胶,与进口的瓜尔胶和国产的田菁胶、香豆胶及野皂荚胶具有相近的胶体性质,中国皂荚的植物胶等同于或优越于进口瓜尔胶。目前,国内植物胶市场产品主要以进口瓜尔胶和国产香豆胶为主。皂荚植物胶及其衍生物的具体应用如下。

2.3.1.1　石油和天然气

在石油工业中,植物胶配制成的高黏度胶体使油和气能够以更高的速度被开采出来。另外,植物胶还可以控制在断裂过程中多孔岩层结构的液体流失,降低液体输送过程中的摩擦压力损失。

2.3.1.2　炸药

利用植物胶及其衍生物能在各种困难条件下有效地增稠并容易被交联和胶化的特点,制造新型的安全炸药。

2.3.1.3　印染

皂荚植物胶是优良的绿色印染剂,它配制成的浆料,在印花过程中,起着染料传递、分散介质、稀释剂的作用,汽蒸时起到吸湿剂、稠厚剂的作用。

2.3.1.4　造纸

皂荚植物胶可作为铜网添加剂,在纸张黏结中取代和补充天然的半纤维素。

2.3.1.5　采矿

在采矿工业中,植物胶及其衍生物广泛地作为产生液固分离的絮凝剂,用于矿浆的过滤、沉淀或者澄清。另外,植物胶也用于浮选回收金属,还可作为滑石或与精矿共存的不溶性脉石的抑浮剂。

2.3.2　皂荚食用、药用等利用价值

皂荚中富含皂甙,皂甙俗称皂素,是三萜稀类化合物和甾族化合物低聚配糖体(糖链)的总称,也属于非衍生物糖甙,即配糖体衍生物。在大豆中皂甙含量约为0.5%(干重),皂荚豆中的皂苷素显著地高于大豆。近年来发现,皂甙在医药上不但有抗炎、抗溃疡、抗变态的效果,而且有抑制氧化脂质反应的作用。同时还具有起泡沫、乳化、去污、抗渗透、抗炎等生化特性。皂甙呈白色粉末,先

后开发出许多疗效显著的药品、保健食品以及纯天然清洁剂与泡沫剂。

2.3.2.1 在食品工业中的应用

皂荚种子中蛋白质含量为15.4%,内胚乳占种子组成的37.8%,内胚乳中聚糖含量为68.6%,皂荚种子资源是可供工业化开发的植物胶资源;通过GC、PC、IR及HNMR分析多糖结构,半乳糖与甘露糖配比为1∶2.5,主链是以β-(1,4)-苷键连接的D-吡喃甘露糖,支链是以α-(1,6)-苷键连接的D-吡喃半乳糖;皂荚胶1%的水溶液表观黏度达274 mPa·s,大于瓜尔胶;皂荚黏度随浓度升高而升高,随pH值的降低而有所降低,皂荚胶的自然抗生物降解能力高于瓜尔胶,因而皂荚胶表现出比瓜尔胶更高的稳定性。

皂荚种子氨基酸组成以及脂肪酸组成的分析表明,种子脂肪酸组成中不饱和脂肪酸大于84%,其中亚油酸含量最高(>66.5),亚油酸是维持哺乳动物正常生长所必需的而体内又不能合成的脂肪酸。

种子蛋白质含有人体不能合成而必需的氨基酸,其中谷氨酸、天冬氨酸和精氨酸等含量较高,分离提胶后的种子剩余物中含有丰富的蛋白质。

皂荚中的植物胶的水合能力,使它在食品工业中有广泛的应用。皂荚种仁富含多种氨基酸、微量元素和半乳甘露聚糖,有益于人体身心健康,可制保健饼干、面包、饮料等。植物胶能赋于产品滑溜和糯性的口感,另外它能使产品缓慢熔化,并提高产品抗骤热的性能。用植物胶稳定的冰淇淋可以避免由于水晶生成而引起颗粒形成。另外,植物胶还可用于稠化产品中的水分,并使肉菜固体表面包上一层稠厚的肉汁,可用于罐头食品生产中。在软奶酪加工中,植物胶能控制产品的稠度和扩散性质。由于植物胶具有结合水的特性,更滑腻和均匀地涂敷奶酪有可能带更多的水。利用植物胶在低浓度下产生高黏度的基本性质,在面粉中掺入一定比例植物胶,可提高面粉品质,制成各种专用粉用于方便面、面包、水饺等的生产。

皂荚树叶中蛋白质含量在20%左右,可以作为木本饲料资源加以开发利用。从我国现有种植业提供给畜牧业的饲料来看,由于受饲料不足和饲料结构不合理的影响,我国畜牧养殖业的发展还受到一定的制约,如我国蛋白质饲料只能满足当前需要总量的50%左右,国外有关研究资料表明,如果家畜饲料中可消化蛋白质缺少20%~25%,畜产品就减少30%~40%,饲料消耗量和畜产品成本则增加30% ~50%。因此,有效地利用皂荚树叶的蛋白质做饲料,对我国畜牧养殖业具有重要意义。

2.3.2.2 药用价值

中国古代李时珍《本草纲目》中,介绍了皂荚(属)的多方面的药用价值。1992年出版的《中药常用制剂中英手册》阐述的木本植物16个属(种)中,皂荚(属)有重要的药用价值与地位。皂荚(属)全树都是药材,荚“主治风痹死肌邪气,利九窍,消痰杀虫,开胃通肺”;子“治隔痰吞酸”;仁“活血润肺”;刺“治疮癣有奇效”;叶“入洗风疮渫用”。由此可见,皂荚(属)是我国传统中药材。Haruna等(1995)在中国皂荚和日本皂荚果实中提取皂甙,实验对人体红血细胞膜和人工合成细胞的影响,确认皂甙能改变人体细胞膜对 Na^+ 的适应性,并抑制 Na^+、K^+、ATPase的活性,表现出较强的溶血特性。然而,最近从百合科植物Ornthogalum saundersiae中分离得到的皂甙OSW-1(schemel),对人的正常细胞几乎没有毒性,而对恶性肿瘤细胞具有强烈的抑制作用,体外活性实验表明,它的抗癌活性比目前临床应用的抗癌药物顺柏、紫杉醇、mitomycine、adriamycin等高出上百倍,使得对含有皂甙成分的药用植物的研究倍受重视。Konoshima等(1994)分别从日本皂荚与中国皂荚果实中分离出皂甙(C)和皂甙(G),这两种活性物质具有在H9细胞中抑制人类免疫缺乏病毒复制的作用(EC50值分别为1.1单位和2.7单位)。评估抗人类免疫缺乏病毒活性表明,独特的单萜稀分子对于生物活性必不可少。另有研究表明,皂甙及许多生物活性物质,具有抑制人类免疫缺乏病毒侵染的生物化学疗效。在病毒吸收、病毒细胞融合、反转转录、联合作用、翻译、蛋白裂解、糖基化作用、组合释放等不同阶段,皂甙具有的抗人类免疫缺乏病毒活性的作用,可用于部分预防和治疗爱滋病患者。

皂荚刺即皂荚树的棘刺,为我国传统中药材,是中医治疗乳腺癌、肺癌等多种癌症常用的配伍药之一,被列为抗癌中草药。研究表明皂荚刺中含有黄酮类化合物为黄颜木素(3,7,3′,4′—四羟基双氢黄酮)、非瑟素(3,7,3′,4—四羟基黄酮),并含有无色花青素。此外,皂荚刺还含有酚类、氨基酸等。采用现代分离技术从皂荚刺中分离制备医药中间体,是进一步提高皂荚资源利用价值的重要途径。

香港理工大学的研究发现,中草药皂荚的浓缩液具有抗癌特性。为进一步研究皂荚的抗癌性,香港理工大学与美国国立癌病研究所辖下的积逊实验室合作,利用该实验室的先进设备,进行动物测试及其他相关的抗癌机制研究。

2.3.2.3 皂荚荚果的应用

皂荚果实中种子占15%~30%,果肉占70%~85%,果肉的产量是种子产量的3~5倍。因此,皂荚荚果的开发利用对皂荚资源的高效利用和综合利用具有决定性的意义。

研究表明,皂荚荚果中含有三萜类皂苷(皂荚素)等天然活性成分,这些皂苷类成分呈中性,泡沫丰富,易生物降解,对皮肤无刺激,对人体无毒害,具有较好的表面活性和一定的洗涤去污能力及较好的耐酸、耐碱、耐盐能力,还能与多种表面活性剂复配产生协同效应,是一种很有潜力的强极性非离子的天然表面活性剂。可以用来洗涤丝绸及贵重金属,不损光泽,也可以用在电镀业清洗待镀金属等,还可做轻质混凝土的起泡剂,配制泡沫灭火剂溶液,配制农药做杀虫剂等。远在古代,人们就已经知道用皂荚荚果可以洗涤衣物、毛发了。现代,由于合成活性剂的快速发展及其优良性能,皂荚的用量日益减少。但随着人们环保意识的增强,由皂荚提取出的天然活性剂又重新得到重视,许多采用皂荚活性剂与合成活性剂复配所制成的新型洗涤产品深受用户喜爱。

皂荚素是三萜烯酸配糖体,有着优良的表面活性作用、乳化性、分散性、可溶性、浸透性等功能,现在欧美日等国广泛用作饮料起泡剂、各种香辛料的乳化剂。皂荚素有很大的起泡性及起泡稳定性,即使在乙醇及酸性条件下起泡性也不低,因而常用作饮料特别是非醇类饮料的起泡剂及泡泡糖的起泡剂,有的性质优于使用蔗糖、聚甘油脂肪酸酯等化学合成表面活性剂。因此,皂荚素是一种医药、食品和日用化工上均有广泛应用前景的天然产物。

2.3.3 世界各国对皂荚的开发利用研究

目前,世界上40多个国家的皂荚(属)栽植已广泛地用于城乡景观林、农田防护林、草场防护林、工业原料林、水土保持林和野生动植物保护林。尤其是近年来,美国、加拿大、东欧国家等纷纷建立了“三刺皂荚园”,像栽果树一样培育三刺皂荚,使其栽培逐渐走向产业化、品种化。如Spongberg(1992)报道,美国哈佛大学于1992年发表的栽培种注册中,皂荚属被列入重点树木的11属之一,并将起源于加拿大的三刺皂荚栽培变种(Gleditsia *triacanthoscv.*)“Prairie Sky”的抗寒性选择作为木本园艺栽培的重要内容。三刺皂荚是华盛顿等东海岸大中小城市的主要观赏树种。Gold等(1993)在国际育林杂志上撰文,三刺皂荚在美国大部分地区有两个育林系统:一是大间距树木构成的农林牧系统;二是改善小气候并提供薪材、工艺材、蜂蜜等防护林或篱笆带。1997年ASAE年度国际会议资料表明,美国明尼苏达州等20多个州,已广泛栽培利用三刺皂荚的地方品种和无性系等,如无刺皂荚、垂枝皂荚、抗寒皂荚等。以上品种,除在美国栽培外,已经引种到欧洲、南美洲等20多个国家和地区。法国已建立了16个无性系的三刺皂荚园和种源试验林,每年三刺皂荚平均产量2 t/hm^2,并表现出适应极端气候条件、生长快速、结实好、具固氮性能等生态经济型树种的特性。皂荚在捷克斯洛伐克被列为名贵保护树种。不丹畜牧局经10年试验,认为木本饲料能提供不丹牲畜20%的饲料需求,其中三刺皂荚是重要的饲料树种。Tilstone等(1998)认为三刺皂荚不但是优良的饲料树种,同时也是混交林的优良伴生树种。澳大利亚、阿根廷等国现已开展了利用三刺皂荚建立牧场或草原的经济效益试验,探讨其荚豆产量、品种选育、保护体系以及对不同林牧系统的选择和经济价值(Willsonet等,1990)。Johnson等(1997)指出,三刺皂荚是组成或构建半干旱地带、荒漠草原地区的较密疏林、丛生疏林、灌乔结构林的主体树种。在绿色产业中,日本有多家公司研究生物活性物质,列举皂甙和多糖含量的功效,系统研究了中国皂荚和日本皂荚的种子油生产技术,并结合作为护肤剂样本的黏着性、展开性和柔软性的定量指标评价,认为中国皂荚具有日本皂荚种子油的产品优良,因此将其列为化妆品、洗发品、洗涤品和灭火剂的不可替代的天然原料树种。

2.3.4　皂荚资源的开发利用前景

皂荚是优良的生态经济型树种,是绿色产业急需的好树种资源,其重要价值在已有树种中是不多见的,应该引起广泛重视。我国境内皂荚属的主要发展树种是中国皂荚(G. sinensis)、日本皂荚(Gjaponica)、野皂荚(G. microphylla)和三刺皂荚(G. triacanthos)。这里综合国内外皂荚研究与发展,提出皂荚种质资源保护与利用的展望。皂荚(属)在我国分布很广,兼有多种优良的生态、经济和社会性能,值得大力发展。皂荚(属)分布地域跨温带与亚热带,平原、丘陵和山区都能生长,抗旱节水、耐盐、耐高温、固氮改土,具有多种多样的生态属性和较高的遗传多样性。历史上皂荚(属)遭受掠夺性利用,只用不造,自生自灭。现今,天然种质资源损失和丢失严重,处于群体濒危状况。为此,需要建立全分布区的皂荚(属)种质资源保存机制,进一步构建核心种质,深入进行种质的评价与利用。建立系统的可持续发展的皂荚(属)良种选育机制。围绕皂荚的饲料、生物活性剂原料、工业原料等主要经济性状,开展地方品种挖掘、种源试验与选择、实生品种和无性系品种选育、繁育技术的研究开发;同时,针对生态环境林、原料林和城乡景观林的需求按性状组测定评价,进行多地点区域性试验测定,努力实现"适地适种源""适地适品种"。建立"皂荚园",创建绿色产业。目前,我国除耗费大量粮食,生产淀粉衍生物作为植物胶代用品外,每年尚需从国外进口 3 万 t 左右的瓜尔胶,花费较多外汇。预测未来若干年内,我国对植物胶的需求量年递增率将在 15% 以上。皂荚(属)中的植物胶能迅速地溶于水,在低浓度下也能形成高黏度的稳定溶液,所以被作为增稠剂、稳定剂、黏合剂,而广泛应用于石油天然气开采、食品、医药、采矿选矿、陶瓷、印染浆纱、兵工炸药等行业。我国以上行业对植物胶的年需求量在数万吨以上,而目前年产质量参差不齐的植物胶不足 3 000 t,远远不能满足需求。创建绿色产业,需要联合产学研、科工贸等原料生产和加工产品的企业单位,积极有效地建立中国不同地区的"皂荚园"。采用先进的栽培制度,系统管理及配套等组合技术,保障皂荚绿色产品生产和加工利用企业化运营,上规模,上档次,出效益。有针对性地研究开发皂荚(属)的皂甙、多糖、生物胶等出口创汇产品,创建系列产品的新兴企业。当前紧急抢救、保留各地的以家系丛为主的优异种质资源,是行之有效的种质保存与利用相结合的途径。借鉴美国皂荚保护与利用的策略,优先挖掘现存各地方的地方品种(农家品种)、变种(变型)、优良家系(丛)等优异种质,积极在生产中推广应用;同时,开展深层次的遗传改良工作。

2.4　皂荚国内外研究现状

中国皂荚在我国虽然分布很广,但长期以来,由于人为采伐利用和自生自灭过程,在我国境内现已找不到完整的天然群体,仅保留残次疏林、家系(丛、簇)或散生木,群体处于濒危状态。引进的一个品种是三刺皂荚(也称美国皂荚,G. triacanthos *Lam.*),是国外利用最广、研究最为深入的一种。

2.4.1　国内外研究现状

欧美国家的皂荚研究可以追溯到20世纪40年代,70年代以来进入了系统研究并取得长足发展。国外皂荚(属)研究涉及范围广而且系统,研究最多的是三刺皂荚,其次为日本皂荚(G. japonicaMig.)。研究内容包括种群分布、种源试验、种内群体及个体的遗传结构、荚和种子遗传变异、实生与无性系繁殖技术、水热因子生理研究、育苗和造林技术、城市景观林技术、荚和种子的生化分析利用、生物活性物质产品化、DNA分子技术等。研究认为皂荚(属)有高度适应性,适应极端气候条件,生长快速,结实好,具固氮性能,是高价值的生态经济型树种。其中,遗传学研究为种质评价与利用提供了重要的依据。例如,对三刺皂荚分布区内9个群体异型同功酶和遗传结构进行了研究,认为群体内遗传多样性($HE=0.198$)高于群体间遗传多样性,但群体间存在显著差异($GST=0.059$);群体内龄级间差异很小,群体内亚群体(小群)的遗传多样性表现特殊,空间亚群体结构的遗传变异较大,认为幼株间空间亚结构能力是家系集团存在的体现(Schnabelet等,1990a);对家系的研究表明,三刺皂荚34个自由授粉家系的等位基因、自交率、固定指数和遗传相关存在差异。家系平均遗传相关系数为0.36(0.29~0.55),高于理论上半同胞家系的0.25,低于全同胞家系的0.50,从而证明三刺皂荚群居母子树木的遗传一致性高,家系间遗传分化较大。美国与加拿大联合用同功酶分析Moran指数评价后指出,三刺皂荚遗传结构差异高于针叶树,达中等水平。在比较三刺皂荚50个“地方丛”后发现,其遗传结构地方性很强,聚丛(多株)表现出1个以上基因型。日本皂荚的高丽变种(Gleditsia japonicavar. koraiensis)在韩国境内的12

个天然林,1995~1996年采种,用凝胶电泳技术分析基因多样性与遗传结构的结果是,基因多样性为0.247。在对三刺皂荚核DNA含量种内变异的研究后认为,三刺皂荚可以生长在较广泛的土壤和气候条件下,耐干旱,并在耐低温和耐盐碱方面有很大变异性,随胁迫程度加重,22个不同群体的鲜叶核DNA含量平均为(1.71±0.02)pg DNA,群体间DNA含量变化不显著,表明三刺皂荚在增加或减少核DNA含量方面的演化变异不明显。通过对6-磷酸葡糖脱氢酶(6-Pgd2)同功酶的测定发现,在缺乏异型性染色体的偏雌雄异株三刺皂荚中,同功酶位点基因型是性别的一个准确预测因子:a a基因型与偏雌表现型相关,a A和A A基因型与偏雄表现型相关;a A基因型表现为雌性的很少。从而认为,偏雄性是雌性不育等位基因占优势的纯合体或杂合体,而偏雌性是隐性等位基因的纯合体。

国内对皂荚(属)的研究材料主要涉及该属中的中国皂荚、野皂荚(G. microphylla Gordon ex Y. T. Lee)、绒毛皂荚(G. vestitachun ex How)、山皂荚(G. melanacantha Tang et Wang)等,研究内容包括皂荚属植物的经济利用与药用价值、刺、皂、种子化学成分分析、皂荚刺的显微特征、育苗及栽培技术、种子特性研究(徐本美等,1996)、生物活性物质分析利用、对环境的协调作用等。近10年来,南京野生植物研究所和中国林业科学研究院林业研究所等单位研究表明,皂荚种实作为工业原料用途广泛,其中植物胶(瓜尔胶)将成为重要的战略原料资源。有关引种方面的研究也有报道,如在黑龙江省哈尔滨地区、宁夏银川市市郊中国皂荚均引种成功。郑州市在黄河游览区植物园也进行了引种试验。采用当地分布广泛的野皂荚做砧木,进行绒毛皂荚嫁接引种,长势与原分布区相同。顾万春等历时10余年,以中国北部、西部半干旱地区的皂荚为研究重点,通过对产区种质资源的勘察、野外调查、定位测定、田间试验和内业分析,搞清了中国皂荚在我国北方的残次分布现状,收集保存了6省(市)皂荚的人工聚群家系个体的种质材料共468份。经测定评价和选择,选育出4个优良产地(种源),对以家系为单元的优异种质进行评价利用,选育出4个优良地方品种,发现了2个植物胶具有特殊利用价值的优异种质。同时,对我国皂荚黄河以北地区6省(市)8个种源进行试验,抽样家系32个,共测定了11个性状。经过方差分析和遗传相关分析,种源间与家系间在生长量、结实量等方面差异均极显著。种源与家系,结实量遗传力分别为0.465和0.672。结实量选择增益分别为24.2%与26.8%;生长量遗传力分别为0.489和0.594,选择增益分别为14.1%与18.6%。研究认为,皂荚的结实与生长性状遗传力均高,亲子之间遗传相关密切,可以在优良地方品种的基础上选育出综合性状优异的品种。

2.4.2 河南省皂荚良种选育研究

近年来,河南省林业科学研究院皂荚良种选育课题组,从皂荚树种中选育出两个优良乡土树种——硕刺皂荚和密刺皂荚,2012年通过河南省林木品种审定委员会审定,并在河南推广示范,取得了很好的效果。

经过连续观测,两种不同类型的子代测定,其各种性状表现与普通对照品种有明显差异。

2.4.2.1 生物学特征

密刺皂荚和硕刺皂荚,其生物学特征和对照的普通皂荚有明显不同(见表2-1)。

表2-1 不同皂荚品种生物学特征

品种	生物学特征					
	一年生枝平均长(cm)	一年生枝平均粗(cm)	一回羽状复叶长(cm)	小叶数(对)	小叶长(cm)	小叶宽(cm)
密刺皂荚	153	1.3	10~18	5~9	1.9~2.6	0.8~1.2
硕刺皂荚	150	1.2	6~12	3~8	3.8~4.2	2.2~2.5
普通皂荚	127	1.1	8~12	7~11	2.0~2.4	1~1.4

2.4.2.2 物候期

密刺皂荚和硕刺皂荚的物候期见表2-2。

表2-2 不同皂荚品种物候期

品种	物候期						
	萌芽期	展叶期	夏梢生长	秋梢生长	刺褐变期	落叶期	刺采收期
密刺皂荚	4月上	4月中	5月上至6月上	7月末至9月中	9月上	11月上至11月中	11月下至12月上
硕刺皂荚	3月下至4月上	4月中	5月上至6月上	7月末至9月中	8月末至9月上	11月上	11月中至12月上
普通皂荚	4月上	4月下	5月上至6月上	7月末至9月中	9月中	11月上	11月中至12月上

2.4.2.3 皂荚刺

密刺皂荚和硕刺皂荚的一年生枝刺，其平均数、平均长、平均粗和平均重均大于普通皂荚，刺间距则小于普通皂荚；这 2 个品种的多年生枝刺，其主刺长、平均长、平均粗和平均重也都大于普通皂荚，具体数据见表 2-3。

表 2-3 不同皂荚品种皂荚刺特征

品种	一年生枝刺					多年生枝刺			
	平均数（个）	刺间距（cm）	平均长（cm）	平均粗（cm）	平均重（g）	主刺长（cm）	平均长（cm）	平均粗（cm）	平均重（g）
密刺皂荚	30	2.7	8.64	0.59	0.56	11.5～16.4	14.19	0.64	4.94
硕刺皂荚	26	3.6	9.61	0.73	0.62	15.0～23.0	21.20	0.80	6.54
普通皂荚	21	4.6	6.99	0.50	0.45	4.7～6.3	10.48	0.50	4.27

2.4.2.4 产量

密刺皂荚、硕刺皂荚的一年生枝刺平均重分别高于普通皂荚 24.4% 和 37.8%；多年生枝刺的平均重分别高于普通皂荚 15.2% 和 53.2%（见图 2-1）。2012 年测定密刺皂荚、硕刺皂荚的单株平均年产量分别高于普通皂荚38.5% 和 53.8%（见图 2-2）。

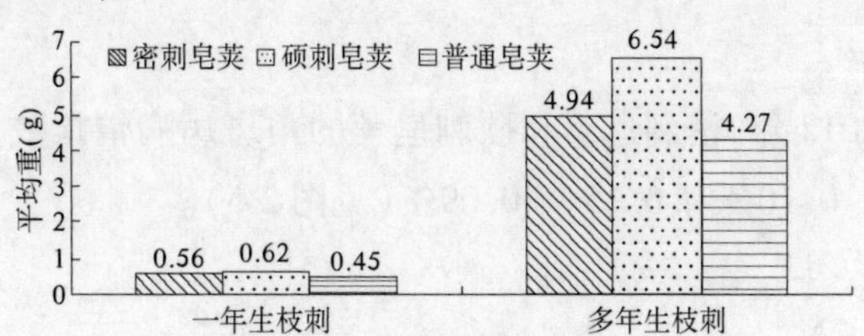

图 2-1 单刺平均重

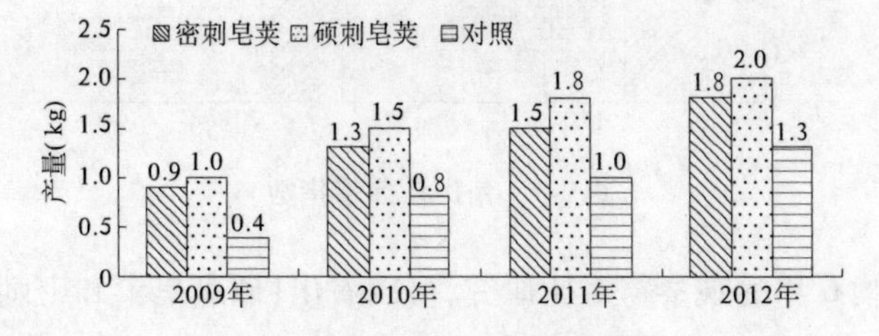

图 2-2 单株平均年产量

2.4.2.5 病虫害

1. 虫情指数

2011 年、2012 年，密刺皂荚和硕刺皂荚的蚜虫虫情指数分别比普通皂荚降低 2.42%、2.33% 和 3.95%、4.44%（见图 2-3）；食叶害虫虫情指数分别比普通皂荚降低 2.45%、2.29% 和 4.51%、4.37%（见图 2-4）

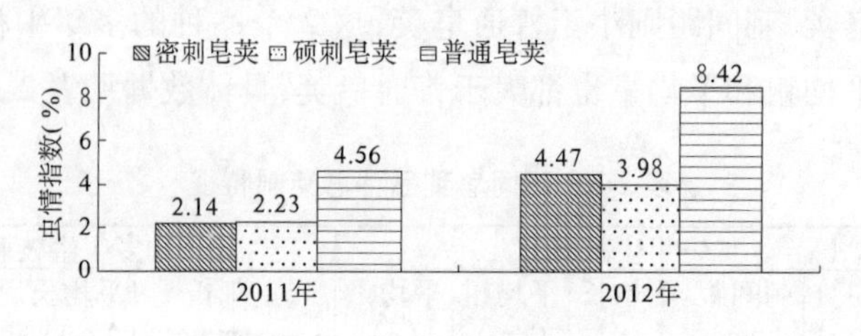

图 2-3　蚜虫虫情指数

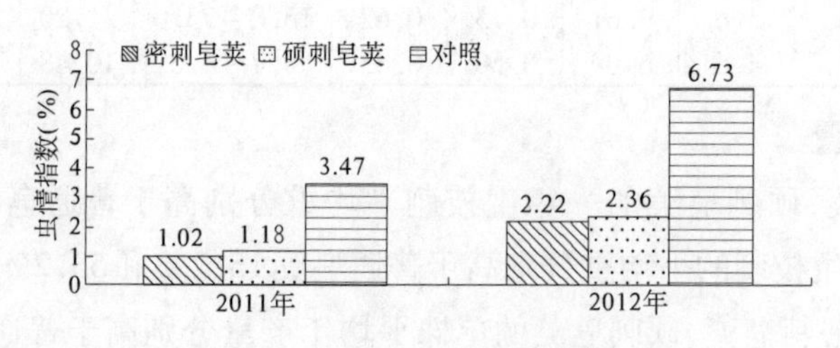

图 2-4　食叶害虫虫情指数

2. 病情指数

2011 年、2012 年，密刺皂荚和硕刺皂荚的角斑病病情指数分别比普通皂荚降低 0.14%、0.10% 和 0.15%、0.09%（见图 2-5）。

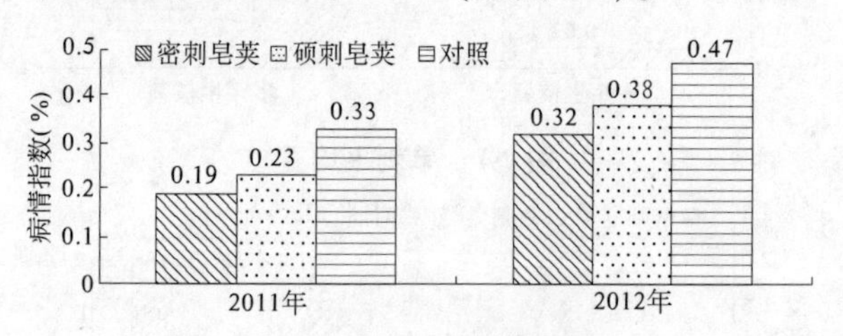

图 2-5　角斑病病情指数

通过连续 6 年的观察与对比研究，可以看出：硕刺皂荚和密刺皂荚在皂荚刺的产量和质量上，明显优于当地普通皂荚，且能保持一致性、稳定性。但是，由于皂荚结果较晚，大概需要 8 年以上才能正常结实，观察对比果实情况，故本良种暂未把果实的产量、质量列入选优指标，有待进入结果期时，进一步研究果实情况。

第 3 章　皂荚育苗技术

3.1　播种育苗

3.1.1　整地

3.1.1.1　苗圃地选择

苗圃地应选择在地势平坦、光照充足、背风向阳、交通方便、排灌条件良好的地块上，土壤质地以黏质壤土、壤土或沙质壤土为宜，土层较深厚、结构疏松、呈中性反应、有机质含量在 1.5% 以上。但不宜在重黏土、沙土或盐碱地上育苗，也不能选择重茬地、荒地以及地下水位在 1 m 以上的地方做苗圃地，以免影响苗木产量和质量。整地是苗圃地土壤管理的主要措施。

3.1.1.2　整地作床

整地的作用在于通过整地可以翻动苗圃地表层土壤，加深土层，熟化深层土壤，增加土壤孔隙度，促进土壤团粒结构的形成，从而增加土壤的透水性、通气性；还可以促进土壤微生物的活动，加快土壤有机质的分解，为苗木的生长提供更多的养分。一般苗圃地的耕地深度最好在 30 ~ 35 cm，目的是防止土壤水分蒸发，消灭杂草和寄生于表土或土壤表层的病虫害，减少耕地的阻力，提高耕地的质量。苗圃地轮作区的农作物或绿肥作物收割后进行的浅耕还有清除作物或绿肥残茬的作用，也叫作浅耕灭茬，浅耕的深度一般为 4 ~ 7 cm。而在生荒地或旧采伐迹地上开辟的苗圃地，由于杂草根系盘结紧密，浅耕灭茬要适当加深，可达 10 ~ 15 cm。冬季整地还可以冻垡、晒垡，促进土壤熟化；并可以冻杀虫卵和病菌孢子，减少苗圃病虫害的发生。

结合整地施入充分腐熟的有机肥 2 000 ~ 3 000 kg/亩、复合肥 50 kg/亩（1 亩 = 1/15 hm^2，全书同），深耕 30 cm，达到“以肥肥土，以土肥苗”的目的。苗圃地耕匀耙细后做成苗床，苗床分为平床和高床，床面一般宽 120 ~ 150 cm。一般多采用平床,因为平床床面与地面平齐,床埂高 10 ~ 15 cm、宽 20 ~ 30 cm,修建简单,灌溉方便,保墒效果好。不足是平畦容易积水,所以在雨水多或地势较低的地方,应该采用高床,床面高度以有利于排出积水为准,一般高出地面 15 ~ 30 cm,床面宽 100 ~ 120 cm,两侧步道宽 30 cm 左右,床面平整细致。

3.1.1.3 **土壤消毒**

育苗前,苗圃土壤要根据具体情况在播种或扦插前分别采取药剂消毒、杀虫,高温消毒等方法进行土壤处理,以消灭土壤中的病原菌和地下害虫,确保苗木安全。常用药剂有硫酸亚铁、福尔马林、多菌灵、辛硫磷等。具体使用方法见表 3-1。

表 3-1 土壤处理常用药剂及使用方法

名称	使用方法	备注
硫酸亚铁	每亩用 20 ~ 40 kg 与有机肥一起撒施后翻耕。或每平方米 3% 的水溶液 4 ~ 5 kg,于播种前 7 天均匀浇在土壤中	对丝核菌和腐霉菌引起的立枯病有效;增加土壤酸度;供给苗木可溶性铁盐并有杀菌作用
福尔马林	每平方米用 35% ~ 40% 福尔马林 50 mL 加水 6 ~ 12 L,在播种前 7 天均匀地浇在土壤中,再用塑料膜覆盖 3 ~ 5 d,经翻、晾无气味后播种	对大部分微生物都具破坏能力,是一种常用的广谱性杀菌剂,对防治立枯病、褐斑病、角斑病、炭疽病等有良好的效果
多菌灵	用 50% 可湿性粉剂,每平方米用 1.5 g。也可按 1:20 的比例配制成毒土撒在苗床上	对子囊菌和半知菌引起的病害效果很明显;可防治根腐病、茎腐病、叶枯病、灰斑病等,能有效地防治苗期病害
丁硫克百威	每亩用 0.5 ~ 2 kg 混拌适量细土制成毒土,撒入土壤中	对防治由土壤传播的线虫、地下害虫等有特效
辛硫磷	用 5% 辛硫磷颗粒 35 ~ 45 kg/hm^2 处理土壤。50% 乳油 3.5 ~ 4.5 kg/hm^2 加水 10 倍喷于 25 ~ 30 kg 细土上制成毒土撒入土壤中	对各种地下害虫防治有效
代森铵	50% 水溶代森铵 350 倍液,3 kg/m^2 浇灌土壤	防治褐斑病、霜霉病、白粉病、立枯病等
甲基异柳磷	3% 甲基异柳磷颗粒,35 ~ 45 kg/hm^2 均匀撒入土中	对各种地下害虫防治有效
吡唑硫磷	99% 的吡唑硫磷土壤处理,0.5 ~ 1.25 kg/hm^2	对各种地下害虫防治有效

在传统的物理化学消毒法的基础上，日本农业科研人员研发出3种新型土壤消毒方法，消毒效果好且不会危害环境。

1. 酒精消毒

在土壤上喷洒用水调和的浓度为2%左右的酒精，然后用塑料薄膜覆盖1～2周。酒精能降低土壤内含氧量，从而起到灭虫效果。几天后酒精会在土壤中自动分解，不会对环境造成危害。

2. 土壤还原消毒

土壤还原消毒利用太阳热和水使麦麸(米糠)在土中发酵，产生酵母菌、乳酸菌等有益菌群，结合土温升高，达到杀灭土壤病菌和线虫的目的。具体做法是:6～9月设施作物拉秧后，消毒前3天，翻地、灌水，3天后每平方米均匀撒1 kg麦麸(米糠)，进行2～3次15～20 cm翻耕，之后灌大水(水量为用手抓土，一捏从手指缝滴水为准)，用塑料薄膜盖严地面，密闭设施20天。处理后最好有3个晴天，以使土温升高。20天之后放风，除去地面的塑料膜，再翻耕1遍。

3. 活性炭土壤消毒

活性炭是植物炭化形成的炭粉，植物种类不同，炭化后的活性也有差异。其中，最好的是炭化椰子壳。可随施底肥每平方米施0.3 kg活性炭。土壤施用活性炭后，能增加土壤中有益微生物的繁殖，抑制病原菌的繁殖，起到消毒的作用。

3.1.2　种实采集、调制与储藏

3.1.2.1　种实采集

选择树干通直、树形优美、生长较快、发育良好的30～100年生盛果期的壮龄母树，于10月中下旬荚果变为红褐色时采集。采集方法是手摘、钩刀、高枝剪剪取。

3.1.2.2　种子调制与储藏

采集的种实晒干后，将其砸碎或碾(轧)碎，进行风选，除去果皮等杂质，即得净种。种子阴干至安全含水量后，装入布袋或麻袋，并注明种批、产地、采种日期，然后置于室内阴凉、通风处干藏。为避免虫蛀，可用石灰粉、木炭屑等拌种，用量为种子质量的0.1% ~0.3%。荚果出种率约25%，种子千粒重约450 g，1 kg约2 200粒，发芽率70% ~75%。

3.1.2.3 种子检验

参照《林木种子检验规程》（GB 2772—1999）、《林木种子质量分级》（GB 7908—1999）进行种子质量检验和分级，种子含水量不高于10%，净度不低于90%，发芽率不低于70%。

3.1.3 播种育苗

3.1.3.1 种子消毒处理

播种前应进行种子消毒，种子消毒常用药剂及使用方法见表3-2。

表3-2 种子消毒常用药剂及使用方法

名称	使用方法	备注
硫酸铜	用0.3% ~1%的溶液浸种4 ~6 h，捞出阴干，即可催芽	该药杀菌力强，药害大，浸种可杀灭种子外部的病菌
高锰酸钾	用0.5%的溶液浸种2 h，2% ~3%的浸种0.5 h捞出用清水冲洗后催芽	已露胚根的种子不应用此法
福尔马林	用0.1%的溶液浸种20 min，闷种2 h，阴干	常用的广谱性杀菌剂
退菌特	50%可湿性粉剂800倍液浸种15 min	可防治白粉病、霜霉病、炭疽病等，易产生药害，应注意掌握用药量
多菌灵	50%可湿性粉剂800 ~1 000倍液浸种20 min	广谱性杀菌剂，高效低毒，但与杀虫剂混用时要随混随用，另外不宜与碱性药剂混用

3.1.3.2 种子催芽

皂荚种子外壳坚硬，且富含胶质，常态下很难浸水，很难在短期内破壳萌芽。在自然界中，皂荚种子需要经过至少12 ~15个月的沤化才能出芽，发芽率仅50%以下。因此，播种前必须进行催芽处理。

1. 水淋催芽

播种前约10天，将干藏种子倒入浸种容器内（缸、盆、桶等），再倒入70 ~90 ℃的热水（水温对种子的影响与种子和水的比例有很大关系，一般要求种子与水的体积比为1∶3），边倒水边搅动，使其自然冷却至室温，每天换水5 ~6

次。浸泡1~2天,用筛子选出膨胀的种子,剩余的未吸涨的种子再用同样方法处理。将吸涨的种子用清水冲洗后放在箩筐中,上盖草帘或湿布保湿,在20~25 ℃的环境下催芽。催芽过程中每天翻动一次,并用20~30 ℃的温水淋洗种子1~2次,经10余天即可发芽。

2. 混沙催芽

在背风向阳处挖一催芽坑,坑深20~30 cm,宽60~80 cm,常视种子多少而定。2月底至3月初,将干藏种子用70 ℃水浸泡1~2天(方法参照水淋催芽),捞出用清水冲洗后将种子与3倍细湿沙混匀。先在坑底铺一层5 cm的湿沙,再将种沙混合物放入催芽坑中,厚度不超过20 cm,上盖塑料薄膜保温保湿,每天检查温度、湿度并将种子上下翻动一次,使种子均匀受热,发芽整齐。保持种沙适宜湿度,种沙干时及时喷水、翻匀。经15~20天,有1/3种子露白时即可播种。当种子量比较大时采用该方法。

3. 硫酸处理

将干藏越冬的种子,于播种前5~7天,利用硫酸处理。方法为:把种子置入塑料盆中,加入95%的浓硫酸(每100 kg种子5~8 kg),用铁锹翻匀并不断翻动搅拌,处理时间控制在40~50 min效果最好,待种子由红褐色变为深红色时,用清水冲洗种子3~5遍,直到种子表面的残留水pH值为7。然后用清水或50 ℃温水浸泡2~3天,每天换一次水,分批筛选出吸水膨胀的皂荚种子,直接播种或沙藏露白后播种。此法发芽率高,发芽整齐。多日不能吸水膨胀的硬粒皂荚种子,可重复上述过程。

3.1.3.3　播种

1. 播种时期

以春播为好,也可秋播。秋播掌握在土壤封冻前进行;春播应在春季地温达到10℃以上时即可播种,具体时间:南方3月上中旬,北方4月中下旬。

2. 播种量

播种量根据种粒大小、种子纯度、发芽率、计划育苗量以及圃地环境条件、育苗技术和经验确定。皂荚种子千粒重约450 g,每千克种子粒数约2 200粒,场圃发芽率45%~50%。一般播种量为20~30 kg/亩。

3. 播种方法

在播种前5～6天，把苗床先灌足底水，待表面阴干、墒情适宜时，即可播种。多采用条播，方法是：边开沟、边播种、边覆土，行距30 cm，沟深5～6 cm，播种间距5～6 cm，覆土厚度3～4 cm，覆土后耧平且略加镇压，播后覆盖地膜。如果墒情不适宜，则要浇溜沟水。待苗出齐后于傍晚或阴天揭去地膜。秋播覆土厚度3～5 cm，播后浇封冻水。

在苗圃大量育苗时，多采用播种机或经过改装后的耧，可以提高效率，节约成本。但是在播种前要调节好播种量，播种中不断检查机器种子仓内种子的用量，防止种子堵塞，造成缺行断垄，影响苗木数量。

4. 间苗、定苗

幼苗高生长到10 cm时分批、及时间苗、定苗，株距10～15 cm。采用点播的，由于株距均匀，勿需定苗。留苗1万～1.5万株/亩。皂荚苗生长较快，当年苗高可达80～150 cm。

3.1.4 幼苗管理

皂荚苗生长较快，一年生苗能长80～150 cm。苗木生长期间注意浇水、防病治虫、中耕除草，并要适当间苗，保证苗木健壮生长。

中耕一般每年要进行数次，中耕的深度应随苗木生长变化，要先浅后深；靠近苗木根际处要浅，向外逐渐加深，以免伤害幼苗的根系，影响其生长发育。与土壤改良相结合质地黏重的苗圃地，秋冬季整地应耕而不耙，以便冻垡、晒垡，促进风化。

耕地在春季和秋季均可深耕、细耙，降低土壤表面蒸发量，减轻地下水和盐碱的危害。其他的季节和时间整地要认真细致，耕地要深透，耙地要匀，要防止重耕、漏耕。整地还要防止打乱土层。耕作层较浅和新开辟的苗圃地，为扩大苗根吸收面积，耕地深度可逐年增加2～3 cm，同时注意不要打乱原来土壤层次。

3.1.5 苗木质量

苗木质量标准除地径、苗高的主要指标外，还应保持根系的完整，不损伤根皮,不损伤顶芽,无检疫性病虫害。

苗木分级(1 年生实生苗):Ⅰ级苗,地径≥0.8 cm,苗高≥80 cm;Ⅱ级苗,0.6 cm≤地径<0.8 cm,苗高≥60 cm;Ⅲ级苗,0.5 cm≤地径<0.6 cm,苗高≥50 cm。

苗木产量:包括Ⅰ级、Ⅱ级、Ⅲ级全部苗木。没有达到Ⅲ级标准的作为不合格苗,不计入苗木产量;产苗量:22 万~30 万株/hm^2,合格苗数量应占总量的 90%。

3.2　嫁接育苗

嫁接育苗是无性繁殖的一种方法,它是把植物的某一营养器官,例如芽或枝条,接到另一株同科属植物的枝、干或根上,使之形成一个新的植株。嫁接培育出的苗木称嫁接苗。用来嫁接的枝或芽叫接穗,承受接穗的植株叫砧木。嫁接用符号"+"表示,即砧木+接穗,也可用"/"来表示,接穗放在"/"之前,如硕刺皂荚/野皂荚。嫁接繁殖的优点如下:

(1) 嫁接苗能保持优良品种接穗的性状,且生长快,树势强,结果早,因此有利于加速新品种的推广应用。

(2) 可以利用砧木的某些性状,如抗旱、抗寒、耐涝、耐盐碱和抗病虫等,增强栽培品种的适应性和抗逆性,以扩大栽培范围或降低生产成本。

(3) 在果树和花木生产中,可利用砧木调节树势,使树体矮化或乔化,以满足栽培上或消费上的不同需求。

(4) 多数砧木可用种子繁育,故繁殖系数大,便于在生产上大面积推广种植。

此外,嫁接方法在经济林、低产林或需要更换品种的林子改造中,得到了广泛的应用,如用于高接换冠。

3.2.1　选择砧木

选择发育良好、生长健壮的一至二年生播种苗做砧木。

3.2.2 接穗准备

3.2.2.1 接穗剪取

（1）枝接接穗。可在冬季至翌年春季发芽前，从皂荚优良品种或类型的树上剪取直径为0.5～0.8 cm的一年生发育枝，剪掉枝刺，沙埋于0～5 ℃的冷窖、冷库等场所，沙子含水量应为30%左右。

（2）芽接接穗。选择生长健壮、芽子饱满的当年生枝条，随采随接。采下的接穗要立即剪去叶片，保留一段叶柄，以减少水分蒸发。如当日用不完，要在阴凉处用湿沙保存或放在盛有少量清水的桶内。有条件的可以存放在恒温库内，随用随取。从采穗到嫁接不宜超过10天，否则影响成活率。

3.2.2.2 接穗处理

将冬季储藏的或春季现采的枝条，剪成8～10 cm的枝段，要带3～4个芽，进行全条水浴蜡封。石蜡温度在70～90 ℃，以所封蜡黏合牢固、触碰不易碎即可。

3.2.3 嫁接

3.2.3.1 嫁接时间

分为春季嫁接和夏季嫁接。春季嫁接时间在4月初至5月上旬，其中切接、劈接在4月上旬至中旬进行，插皮接4月下旬至5月上旬进行，成活率可达90%以上。夏季嫁接在7～8月，成活率50%～70%。

3.2.3.2 嫁接的方法

皂荚嫁接按所取材料不同可分为芽接、枝接二大类。枝接又分为劈接、双舌接、插皮接；芽接常用"T"字形芽接法。砧木较细时用劈接或双舌接，砧木粗且离皮时用插皮接。

嫁接时有四点一定要做好，否则成活率低。第一是砧木和接穗双方的形成层一定要对准，第二是接口一定要削平滑，第三是缚扎要紧，第四是嫁接过程要快。

1. 芽接

芽接方法简便，节省接穗，成活率高，并适合在砧木和接穗都比较细小的情况下使用,1年生砧木苗即可嫁接,而且容易愈合,接合牢固,成苗快,适合于大量繁殖苗木。适宜芽接的时期长,且嫁接时不剪断砧木,一次不活,还可进行补接。芽接的方法有多种,目前应用最多的是“T”字形芽接(见图3-1)和嵌芽接(见图3-2)。芽接宜在7~9月进行,因为在这一段时间内砧木和接穗都生长旺盛,容易剥皮,故成活率高。

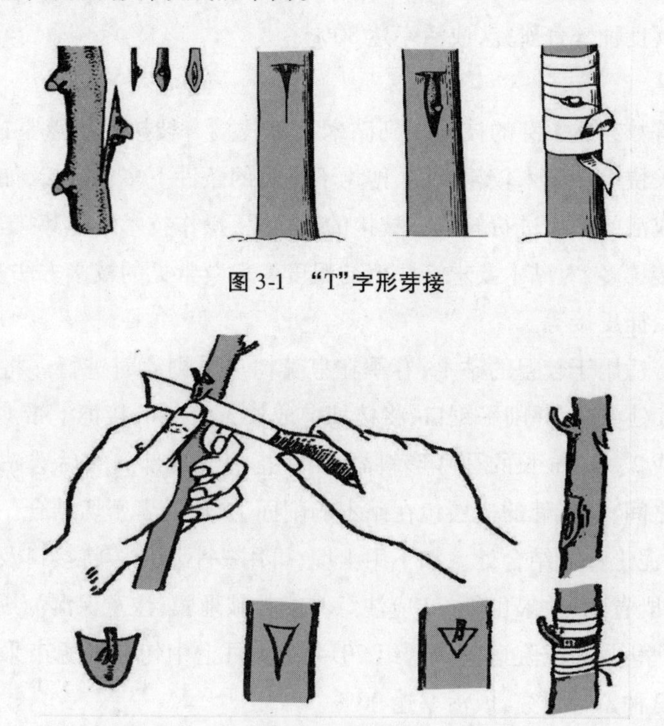

图3-1　“T”字形芽接

图3-2　嵌芽接

芽接的砧木以选1~2年生的实生苗为宜。芽接的部位一般在砧木距地面10~15 cm的地方。在接前1~2天要充分灌水,以使砧木树液活动,接时皮部容易剥离。夏、秋季芽接选用当年生枝条上的芽。选芽时宜选用健壮枝条上中部的芽。芽接时先将砧木表皮光滑处用芽接刀横切一切口(深达木质部),长约1 cm,再从横切痕的中央向下直切一刀,长约1.5 cm,使之成为“T”字形;在接穗上芽的上方横切一刀,深至木质部,再从芽的下方,向上削下一个盾形芽片,芽居于正中。然后用刀柄轻轻将砧木皮层剥开,插入芽片,使芽片上部的横切口与砧木上方横切口的形成层对齐密接,用塑料条捆紧,仅将芽和叶柄露在外面。接后2~3周即可除去塑料条,来年春季萌发新芽前注意剪去砧木上部的枝条和萌蘖。芽接后7~10天可检查成活情况,若用手轻触叶柄,一触即落,芽新鲜饱满,证明已成活。芽接一般约经一个月即能愈合成活。河南省林业科学研究院皂荚课题组2013年8月中下旬在嵩县采用"T"字形芽接进行皂荚良种繁育研究,成活率达80%。

2. 枝接

把带有数芽或1芽的枝条接到砧木上称枝接。枝接的优点是成活率高,嫁接苗生长快。在砧木较粗及砧、穗均不离皮的条件下多用枝接,如春季对秋季芽接未成活的砧木进行补接。枝接的缺点是:操作技术不如芽接容易掌握,而且用的接穗多,对砧木要求有一定的粗度。皂荚常见的枝接方法有切接、劈接、皮下接、插皮接等。

插皮接适用于较粗的砧木,春季在皂荚树皮易剥离时进行。将砧木在距地面20 cm处剪断,并削平锯口;将接穗剪成长3~5 cm,接穗上带1~2个芽,其下端削成2~3 cm长的马耳形斜面,用手指捏开皮部。然后选砧木的皮层和木质层之间,让接穗的皮层包在砧木的削面上,使两者密切结合。最后进行捆扎,并用泥土保护结合处。如不用土埋,可用一小块地膜将接口及整个接穗包扎严密,既省工,效果也很好(应注意不能扎破地膜,注意保湿)(见图3-3)。河南省林业科学研究院皂荚课题组2014年4月上中旬在济源市采用插皮接进行皂荚良种繁育研究,成活率达90%。

图3-3　插皮接

切接是常用的一种枝接法,多于春季进行。一般选用地径1~2 cm粗砧木,在离地面5~10 cm处截断,削平切口。在砧木平滑的一面,在木质部与韧皮部之间向下直切深约1.5 cm一个平直光滑切口;然后选头年生健壮的枝条，取其中部截成3～5 cm一段，每段带1～2个芽作为接穗。将接穗下端一面削去1/3～1/2的木质部，长约2 cm，另一面削一个小削面，长约0.5 cm，使之呈扁楔形；立即将大削面朝向砧木木质部插入切口中，使接穗与砧木的形成层紧密结合（至少也得一边靠紧密接）。接好后将砧木上切开的皮片抱合在接穗外，用塑料条将接口自下而上捆紧（捆时注意勿使接合部移动，以防双方形成层错开）。为防止接穗风干，最好用塑料袋将接穗和接口一起套上，待接穗萌芽后再去掉（见图3-4）。河南省林业科学研究院皂荚课题组2014年4月上中旬在嵩县采用切接进行皂荚良种繁育研究，成活率达85%，2014年7月中旬在河南郑新林业高新技术试验场采用切接进行皂荚良种繁育研究，成活率达80%。

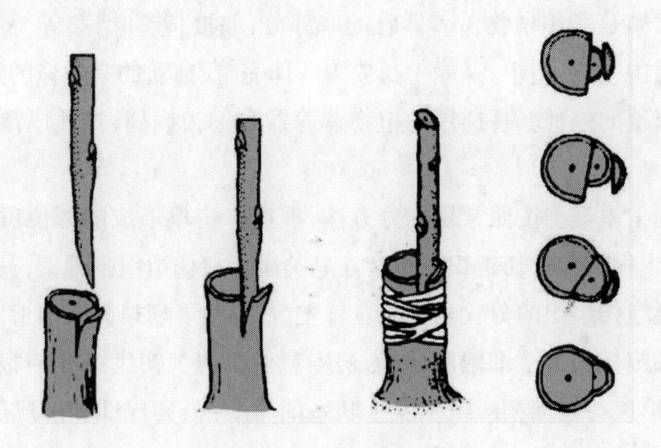

图3-4　切接

3.2.3.3　嫁接后的管理

（1）枝接苗。对砧木萌芽要及时抹除，一般抹除3次以上。接穗的萌芽选留一个壮芽，其余摘除。

（2）芽接苗。夏季芽接后10天左右检查，凡接芽新鲜、叶柄一触即落即成活；若没成活或嫁接时期未过的，要及时补接。及时去除绑缚物。秋季芽接的，当年接芽不萌发的，要在翌年春季发芽前剪砧。

3.2.3.4　嫁接苗质量及分级标准

嫁接苗分以下四级：

Ⅰ级苗:地径≥1.0 cm,苗高≥100 cm。主根完整,长20 cm以上,须根多,愈合度完好。

Ⅱ级苗:0.7 cm≤地径<1.0 cm,苗高≥70 cm。主根长20 cm以上,较多须根,愈合度完好。

Ⅲ级苗:0.5 cm≤地径<0.7 cm,苗高≥50 cm。主根长20 cm以上,较多须根,愈合度基本完好。

Ⅳ级苗:地径<0.5 cm,苗高<50 cm。根系残缺,愈合度差。

3.3　扦插育苗

扦插繁殖是利用植物营养器官的一部分,如根、茎、叶、芽等,将它们插在土中或基质中,促其生根,并能生长成为一株完整、独立的新植株的繁殖方法,属于无性繁殖的一种。扦插用的植物营养器官称为插穗,扦插成活的苗子称为扦插苗。

插穗的生根类型按照常规划分方法,根据不定根形成的部位可分为两种类型:皮部生根型和愈伤组织生根型。皂荚属于愈伤组织生根型,其不定根的形成要通过愈伤组织的分化来完成。首先,在插穗下切口的表面形成半透明、具有明显细胞核的薄壁细胞群,即为初生愈伤组织。初生组织细胞继续分裂分化,逐渐形成与插穗相应组织发生联系的木质部、韧皮部和形成层等,最后充分愈合,在适宜的温度、湿度条件下,从愈伤组织中分化出根。因为这种生根需要的时间长,生长缓慢,所以扦插成活较难。

3.3.1　影响皂荚扦插成活的因素

3.3.1.1　内在因素

1.年龄效应

年龄效应包括两种含义,一是所采枝条的母树年龄,二是所采枝条本身的年龄。

(1) 母树年龄。皂荚插穗的生根能力是随着母树年龄的增大而降低的。在一般情况下,母树年龄越大,植物插穗生根就越困难,而母树年龄越小则生根越容易。由于皂荚新陈代谢作用的强弱是随着发育阶段变老而减弱的,其生活力和适应性也逐渐降低。相反,幼龄母树的幼嫩枝条,其皮层分生组织的生命活动能力很强,所采下的枝条扦插成活率高。所以,在选条时应选用1~2年生良种苗上的枝条,扦插效果最好。

(2)插穗年龄。插穗年龄对生根的影响显著。一般以当年生枝的再生能力为最强,这是因为嫩枝插穗内源生长素含量高、细胞分生能力旺盛,促进了不定根的形成。

2. 位置效应

位置效应是指来自母树不同部位的枝条,在形态和生理发育上存在潜在差异,这些差异是受位置的影响产生的。皂荚树冠上的枝条生根率低,而树根和干基部萌发的枝条生根率高。因为母树根颈部位的一年生萌蘖条其发育阶段最年幼,再生能力强,又因萌蘖条生长的部位靠近根系,得到了较多的营养物质,具有较高的可塑性,扦插后易于成活。干基萌发枝生根率虽高,但来源少。硬枝插穗的枝条,必须发育充实、粗壮、充分木质化、无病虫害。

3. 枝条的不同部位

同一枝条的不同部位根原基数量和储存营养物质的数量不同,其插穗生根率、成活率和苗木生长量都有明显的差异。但具体哪一部位好,还要考虑植物的生根类型、成熟度等。一般来说,皂荚硬枝扦插中下部枝条较好,因为中下部枝条发育充实,储藏养分多,为生根提供了有利因素;嫩枝扦插,则中上部枝条较好,由于幼嫩的枝条,中上部内源生长素含量最高,而且细胞分生能力旺盛,对根有利。

4. 插穗的粗细与长短

插穗的粗细与长短对成活率、苗木生长有一定的影响。对绝大多数树种来讲,长插穗根原基数量多,储藏的营养多,有利于插穗生根。插穗长短的确定要以树种生根快慢和土壤水分条件为依据,一般落叶树硬枝插穗10~25 cm,常绿树种10~35 cm 。随着扦插技术的提高,扦插逐渐向短插穗方向发展,有的甚至一芽一叶扦插。

对不同粗细的插穗而言,粗插穗所含的营养物质多,对生根有利。插穗的适宜粗度因树种而异,皂荚插穗直径一般为0.5~2 cm。

在生产实践中,应根据需要和可能,采用适当长度和粗度的插穗,合理利用枝条,应掌握“粗枝短截,细枝长留”的原则。

5. 插穗的叶和芽

插穗上的芽是形成茎、干的基础。芽和叶能供给插穗生根所必需的营养物质和生长激素、维生素等,对生根有利,尤其对嫩枝扦插及针叶树种、常绿树种的扦插更为重要。插穗留叶多少一般要根据具体情况而定,一般留叶2~4片,若有喷雾装置,定时保湿,可留较多的叶片,以便加速生根。

另外,从母树上采集的枝条或插穗,对干燥和病菌感染的抵抗能力显著减弱。因此,在进扦插繁殖时,一定要注意保持插穗自身的水分。生产上,可用水浸泡插穗下端,不仅增加了插穗的水分,还能减少抑制生根物质。

3.3.1.2 **外在因素**

影响插穗生根的外界因子主要有温度、湿度、通气、光照、基质等,各因素之间相互影响、相互制约。因此,扦插时必须使各种环境因子有机、协调地满足插穗生根的要求,以达到提高生根率、培育优质苗木的目的。

1. 温度

插穗生根的适宜温度因树种而异。多数树种生根的最适温度为15~25℃,皂荚以20℃最适宜,一般土温高于气温3~5℃时,对皂荚插穗生根极为有利。这样有利于不定根的形成而不适于芽的萌动,集中养分在不定根形成后芽再萌发生长。在生产上,可用马粪或电热线等做土壤热材料增加地温,还可利用太阳光的热能进行倒插催根,提高插穗成活率。

温度对夏季嫩枝扦插更为重要,30℃以下有利于枝条内部生根促进物质的利用,因此对生根有利。但温度高于30℃,会导致扦插失败。一般可采取喷雾方法降低插床的温度。插穗活动的最佳时期,也是病菌猖獗的时期,所以在扦插时应特别注意。

2. 湿度

在皂荚插穗生根过程中,空气的相对湿度、插壤湿度以及插穗本身的含水量是影响扦插成活的关键,尤其是嫩枝扦插,应特别注意保持合适的湿度。

(1)空气相对湿度。空气相对湿度对难生根的针叶、阔叶树种的影响很大。插穗所需的空气相对湿度一般为90%左右。硬枝扦插可稍低一些,但嫩枝扦插空气的相对湿度一定要控制在90%以上，使枝条蒸腾强度最低。生产上可采用喷水、间隔控制喷雾等方法提高空气的相对湿度。

(2) 插壤湿度。插穗最容易失去水分平衡，因此要求插壤有适宜的水分。插壤湿度取决于扦插基质、扦插材料及管理技术水平等。据皂荚扦插试验，插壤中的含水量一般以22%～28%为宜；含水量低于20%时，插穗生根和成活都受到影响。

3. 通气

插穗生根时需要氧气，插穗生根率与插壤中的含氧量成正相关。所以，扦插时插穗基质要求疏松透气，同时浅插。如基质为壤土，每次灌溉后必须及时松土，否则会降低扦插成活率。

4. 光照

光照能促进插穗生根，对常绿树及嫩枝扦插是不可缺少的。但扦插过程中，强烈的直射光照又会使插穗干燥或灼伤，降低成活率。在实际工作中，可采取适当遮阴等措施来保持一定的光照。夏季扦插时，最好的方法是应用全光照自动间歇喷雾法，既保证了供水，又不影响光照。

5. 基质

皂荚在生产上最常用的基质，一般有河沙、蛭石、珍珠岩、炉渣、炭化稻壳、花生壳等，这些基质的通气、排水性能良好。但反复使用后，颗粒往往破碎，粉末成分增加，故要定时更换基质。

(1) 河沙。是石英岩或花岗岩等经风化和水力冲刷而形成的不规则颗粒，它本身无空隙，但颗粒之间通气性好，无菌、无毒、无化学反应。由于通气性好，导热快，取材容易，使用方便，夏季扦插效果好。特别在喷雾条件下，多余的水分能及时排出，可防止因积水引起腐烂，是目前夏季嫩枝扦插育苗广泛采用的优良基质。

(2) 蛭石。是一种单斜晶体天然矿物，产于蚀变的黑云母或金云母的岩脉中，是黑云母或金云母变化的产物。但用于基质的蛭石是经过焙烧而成的膨化制品，膨化后体积增大到15～25倍，体质轻，孔隙度大，具有良好的保温、隔热、通气、保水、保肥的作用。因为经高温燃烧，无菌、无毒，化学稳定性好，为国内外公认的优良扦插基质。

(3) 珍珠岩。是铝硅天然化合物。先将珍珠岩轧碎并加热到1 000 ℃以上,再经过高温煅烧而成的膨化制品,具有封闭的多孔性结构,化学结构稳定,不像蛭石长期使用会溃碎。由于珍珠岩的结构是封闭的孔隙,水分只能保持在聚合体的表面,或聚合体之间的孔隙中,故珍珠岩有良好的排水性能,与蛭石一样有良好的保温、隔热、通气、保肥等性能,是全光照自动喷雾扦插育苗冬季采用的良好基质。

(4) 泥炭土。又称草炭,是古代湖泊沼泽植物埋藏于地下,在缺氧条件下分解不完全的有机物,内含大量未腐烂的植物质,干后呈褐色,酸性反应,质地疏松,有团粒结构,保水能力强。但含水量较高,通气性差,吸热力也差,故常与其他基质混合使用。

(5) 炉渣。是煤经高温燃烧后剩下的矿质固体,由于颗粒大小和形状不一,需要粉碎筛制后才可作为扦插基质。炉渣颗粒具有很多微孔,颗粒间隙也很大,具有良好的通透性及保肥、保水、保温性能,无毒、无菌,来源广泛,价格低廉,也是较好的扦插基质。

(6) 炭化稻壳、花生壳。炭化稻壳、花生壳具有透水通气、吸热保温等优点,而且稻壳、花生壳经高温炭化后,不但灭了杂菌,还能提供丰富的磷、钾元素,是冬季或早春、晚秋时期进行扦插育苗的良好基质。

(7) 液态基质。把插穗插于水或营养液中使其生根成活,称为液插。液插常用于易生根的苗种。由于用营养液做基质,插穗易腐烂,一般情况应慎用。

此外,常用的基质还有棉子壳、秸秆、火山灰、刨花、锯末、蔗糖渣、苔藓、泡沫塑料等。

在露地进行扦插时,大面积更换扦插土实际上是不可能的,故通常选用排水良好的沙质壤土做扦插基质。

3.3.2 促进扦插生根技术

3.3.2.1 生长素及生根促进剂处理

1. 生长素处理

常用的生长素有奈乙酸(NAA)、吲哚乙酸(IAA)、吲哚丁酸(IBA)、2,4－D

等。使用方法:一是先用少量酒精将生长素溶解,然后配制成不同浓度的药液。低浓度(如50~200 mg/L)溶液浸泡插穗下端6~24 h,高浓度(如500~10 000 mg/L)可进行快速处理(几秒钟到1 min)。二是将溶解的生长素与滑石粉或木炭粉混合均匀,阴干后制成粉剂,用湿插穗下端蘸粉扦插;或将粉剂加水稀释成为糊剂,用插穗下端浸蘸;或做成泥状,包埋插穗下端。处理时间与溶液的浓度随树种和插穗种类的不同而异,一般皂荚的浓度高些,硬枝浓度高些,嫩枝浓度低些。

2. 生根促进剂处理

目前使用较为广泛的生根促进剂有中国林业科学研究院王涛研制的“ABT生根粉”系列、华中农业大学园艺林学学院研制的广谱性“植物生根剂HI-43”、山西农业大学林学院研制并获国家科技发明奖的“根宝”、昆明市园林科学研究所等研制的“3A系列促根粉”等。它们均能提高多种树木的生根率,其生根率可达90%以上,且根系发达,吸收根数量增多。

3.3.2.2 洗脱处理

洗脱处理一般有温水处理、流水处理、酒精处理等。洗脱处理不仅能降低枝条内抑制物质的含量,同时还能增加枝条内水分的含量。

(1)温水洗脱处理。将插穗下端放入30~35 ℃的温水中浸泡6~8 h。

(2)流水洗脱处理。将插穗放入流动的水中,浸泡12~24 h。

(3)酒精洗脱处理。用酒精处理也可有效地降低插穗中的抑制物质,大大提高生根率。一般使用浓度为1%~3%,或者用1%的酒精与1%的乙醚混合制成混合液,浸泡时间6 h左右。

3.3.2.3 化学药剂处理

有些化学药剂也能有效地促进插穗生根,如醋酸、磷酸、高锰酸钾、硫酸镁等。生产中用0.1%的醋酸水溶液浸泡皂荚等插穗,能显著地促进生根。用0.05%~0.1%的高锰酸钾溶液浸泡插穗12 h,除能促进生根外,还能抑制细菌发育,起消毒作用。

3.3.2.4 低温储藏处理

将硬枝放入0~5 ℃的低温条件下冷藏一定时期(至少40 d),使枝条内的抑制物质转化,有利于生根。

3.3.2.5 增温处理

春天由于气温高于地温，在露地扦插时，苗木易先抽芽展叶后生根，以致降低扦插成活率。为此，可采用在插床内铺设电热线（电热温床法）或在插床内放入生马粪（酿热物催根法）等措施来提高地温，促进生根。

3.3.3 扦插时期

皂荚扦插多在春季、夏季、秋季进行，依据不同的扦插方法选择扦插时期。

3.3.3.1 春季扦插

皂荚春插是利用前一年生休眠枝直接进行扦插，或利用经冬季低温储藏后的枝条进行的扦插。特别是经冬季低温储藏的枝条，内部的生根抑制物质已经转化，营养物质丰富，容易生根。春季扦插宜早，并要创造条件打破枝条下部的休眠，保持上部休眠，待不定根形成后芽再萌发生长。所以，该季节扦插育苗的技术关键是采取措施提高地温。春季扦插生产上采用的方法有大田露地扦插和塑料小拱棚保护地扦插。

3.3.3.2 夏季扦插

夏季扦插是利用当年旺盛生长的嫩枝，或半木质化枝条进行扦插。夏插枝条处于旺盛生长期，细胞分生能力强，代谢作用旺盛，枝条内源生长素含量高，这些因素都有利于生根。但夏季由于气温高，枝条幼嫩，易引起枝条蒸腾失水而枯死。所以，夏插育苗的技术关键是提高空气的相对湿度，降低插穗叶面蒸腾强度，提高离体枝叶的存活率，进而提高生根成活率。夏季扦插常采用的方法有荫棚下塑料小拱棚扦插和全光照自动间歇喷雾扦插。

3.3.3.3 秋季扦插

秋季扦插是利用发育充实、营养物质丰富、生长已停止但未进入休眠期的枝条进行扦插。其枝条内抑制物质含量未达到最高峰，可促进愈伤组织提早形成，有利于生根。秋插宜早，以利物质转化完全，安全越冬。所以，该季节扦插育苗的技术关键是采取措施提高地温。秋季扦插常采用的方法有用塑料小棚保护地扦插育苗，或者采用阳畦扦插。

3.3.3.4 冬季扦插

冬季扦插是利用打破休眠的休眠枝进行温床扦插。北方应在塑料棚或温室内进行，在基质内铺上电热线，以提高扦插基质的温度。这种方法比较麻烦，相对以上季节扦插费用也较高，一般在皂荚育苗中很少采用。

3.3.4　插条的选择及剪截

插条因采取的时期不同而分成硬枝插条和嫩枝插条。

3.3.4.1　硬枝插条的选择及剪截

1. 插条的剪取时间

插条中储藏的养分是硬枝扦插生根发枝的主要能量与物质来源。剪取的时间不同，储藏养分的多少也不同。一般情况下，皂荚在秋季落叶后至翌春发芽前枝条内储藏的养分最多。这个时期树液流动缓慢，生长完全停止，是剪取插条的最好时期。

2. 插条的选择

选用优良幼龄母树上发育充实、生长健壮、无病虫害、充分木质化、含营养物质多的1~2年生枝条或萌生条。

3. 插穗的储藏

秋季剪取插穗后一般不立即进行扦插，而是将插穗储藏起来待翌春扦插。插穗储藏方法有露地埋藏和室内储藏两种。露地埋藏是选择干燥、排水良好而又背风向阳的地方挖沟，沟深一般为60~80 cm，将插穗每50~100根捆成捆，立于沟底，用湿沙埋好，中间竖立草把，以利通气。每月应检查1~2次，保持适合的温湿度条件，保证安全过冬。枝条经过埋藏后皮部软化，内部储藏物质开始转化，给春季插穗生根打下良好的基础。室内储藏也是将枝条埋于湿沙中，要注意室内的通气透风和保持适当温度，堆积层数不宜过高，以2~3层为宜，过高容易形成高温，引起枝条腐烂。

4. 插穗的剪截

一般插穗长3~5 cm，保证插穗上有2~3个发育充实的芽。剪切时上切口距顶芽1 cm左右，下切口的位置一般在节附近，薄壁细胞多，细胞分裂快，营养丰富，易于形成愈伤组织和生根，故插穗下切口宜紧靠节下。下切口要斜切呈马耳形，斜切口与插穗基质的接触面积大，可形成面积较大的愈伤组织，利于吸收水分和养分，提高成活率，但根多生于斜口的一端，易形成偏根，同时剪穗也较费工。

3.3.4.2　嫩枝插条的选择及剪截

1. 嫩枝插条的剪取时间

嫩枝扦插是随采随插。最好选自生长健壮的幼年母树，以半木质化的嫩枝为最好，内含充分的营养物质，生活力强，容易愈合生根。但太幼嫩或过于木质化的枝条均不宜采用。嫩枝采条，应在清晨日出以前或在阴雨天进行，不要在阳光下、有风或天气炎热的时候采条。

2. 嫩枝插条的选择

皂荚嫩枝插穗一般在高生长最旺盛期剪取幼嫩的枝条进行扦插。采条后及时喷水，注意保湿。嫩枝枝条扦插前进行预处理非常重要，在生长季以前进行黄化、环剥、捆扎等处理。

3. 嫩枝插穗的剪截

枝条采回后，在阴凉背风处进行剪截。一般插穗长 5 ~ 12 cm，带 2 ~ 3 个芽，插穗上保留 2 ~ 3 枝羽状复叶，并剪去一半小叶。下切口剪成平口或小斜口，以减少切口腐烂。

3.3.5　扦插方法

3.3.5.1　硬枝扦插

扦插前要整理好插床。露地扦插要细致整地，施足基肥，使土壤疏松，水分充足，必要时要进行土壤消毒。扦插密度一般株距 5 ~ 10 cm，行距 30 ~ 50 cm。扦插角度有直插和斜插两种，一般情况下多采用直插，斜插的扦插角度不应超过 45°。插入深度为插穗长度的 1/3 ~ 1/2。在温棚，一般密插。据河南省林业科学研究院刘艳萍等研究：皂荚硬枝扦插 18 天后开始出现根原基，30 天后大量生根，50 天后根系发达。扦插苗的萌芽率（萌芽的插条数/扦插的总插条数）为 96%；扦插苗的生根率（既萌芽又生根的插条数/扦插的总插条数）为 92%，移栽成活率（成活苗木数/总苗木数）为 95%。待插穗生根 3 条以上、根长 3 ~ 6 cm、枝长 10 ~ 15 cm，即可进行移栽。移栽时尽量选择阴天或多云的下午进行，且移栽当天浇透水。

3.3.5.2　嫩枝扦插

嫩枝扦插时期主要在夏季进行，具体扦插时间在早晨或傍晚进行，随采随插。嫩枝扦插一般在疏松通气、保湿效果较好的扦插床上进行扦插。密度以两插穗的叶片互不重叠为宜，以保持足够的生长空间。扦插角度一般为直插。扦插深度一般为其插穗长度的1/3～1/2，如能人工控制环境条件，越浅越好，一般为2～5 cm，不倒即可。嫩枝扦插要求空气相对湿度高，以避免植物体内大量水分蒸腾，现多采用全光照自动间隔喷雾扦插设备、荫棚内小塑料棚扦插。此类扦插密度较大，多在生根后立即移植到圃地继续培养。

3.3.6　扦插后的管理

扦插后的管理非常重要。插穗生根前的管理主要是调节适宜的温、光、水等条件，促使尽快生根。其中以保持较高空气湿度，不使萎蔫最为重要。一般扦插后立即灌一次透水，以后经常保持插壤和空气的湿度，并做好保墒及松土工作。如果未生根之前地上部分已经展叶，应及时摘除部分叶片，防止过度蒸腾。在新苗长到15～30 cm时，选留一个健壮直立枝条继续生长，其余抹去。必要时可在行间进行覆草，以保持水分，并可防止雨水将泥土溅于嫩叶上。

硬枝扦插生根时间较长，必要时进行遮阴。嫩枝露地扦插要搭荫棚，每天10:00～16:00遮阴降温，同时每天喷水，保持湿度。用塑料棚密封扦插时，可减少灌水次数，每周1～2次即可，但要及时调节棚内的温度和湿度；扦插成活后，要经过炼苗阶段，使其逐渐适应外界环境，然后移至圃地。在温室或温床中扦插时，生根展叶后，逐渐开窗流通空气，使其逐渐适应外界环境，然后移到圃地。

3.4　芽苗嫁接育苗

皂荚芽苗嫩枝嫁接育苗方法，是河南省林业科学研究院皂荚课题组针对皂荚良种嫁接繁育中皂荚木质硬、枝刺较多、削接穗和切砧木困难、嫁接效率低、影响成活率等不利因素，大胆尝试芽苗嫩枝嫁接技术在皂荚良种繁育中的应用研究，通过在郑州、商城、嵩县等地广泛试验，嫁接成活率已经达到90%，成本降低50%,缩短了良种苗木培育年限,可轻松实现当年播种、当年嫁接、当年出圃,可以发展为皂荚良种苗规模化繁育方法之一,极具推广应用价值。皂荚芽苗嫁接方法获得了我国发明专利(专利号:201410329762)。皂荚芽苗嫩枝嫁接方法的核心:主要是将皂荚种子经筛选、催芽等处理后,待种子发芽长到7~10 cm但尚未展叶前的芽苗作为砧木,以皂荚良种树木当年生半木质化枝条作为接穗,采用劈接法进行嫁接的一种新型繁育方法。操作方法和具体步骤如下。

3.4.1 砧木的培育

种子采收:选择树势旺、发育良好、没有病虫害、种子饱满的30~100年生盛果期的壮龄母树,于10月下旬至11月上旬果实变为红褐色时采种。选用饱满的成熟荚角,采后晾干、碾(轧)碎荚角取籽,除去杂质,选择粒大、无虫、无病、无机械损伤的饱满籽粒作种子,种子千粒重450~500 g,干藏越冬,备用。

硫酸处理:皂荚种子外壳坚硬,且富含胶质,常态下很难浸水,很难在短期内破壳萌芽。在自然界中,皂荚种子需要经过至少12~15个月的沤化才能出芽,发芽率仅50%以下。因此,播种前必须进行催芽处理。

于播种前7天左右,将干藏越冬的种子经过筛选、去杂、去瘪后,用硫酸处理。具体为:把经过筛选的种子置入塑料盆中,加入浓度95%的硫酸(每100 kg种子用5~8 kg硫酸),用铁锨翻匀并不断翻动搅拌处理40~50 min,待种子由红褐色变为深红色时,用清水冲洗种子,直至冲洗种子后的清水pH值接近7。用50 ℃水浸泡2~3 d,每天换一次水,筛选出吸水膨胀的种子在整理好的沙床上播种。此法发芽率高,发芽整齐。多日不能吸水膨胀的硬粒种子,可重复上述过程。

整床及播种:沙床应选择在背风、向阳、地势较高、不积水的地方。播种前7~10天整好沙床,沙床宽1.2~2 m,长10~20 m,根据地形而定,在平坦地面上先垫一层厚10~15 cm的干净湿河沙,每平方米用50%多菌灵可湿性粉剂5 g进行消毒。在4月上中旬把处理好的种子均匀撒播在上面,种子尽量避免重叠,再盖上厚约10 cm的湿河砂,用清水喷透砂床,然后盖上薄膜或麦秸,砂床要保持湿润。如发现湿度不够,应及时喷水。待种子发芽,长到7~

10 cm 长时芽苗即可作为砧木进行嫁接。

3.4.2 接穗的选取

剪取直径0.2~0.5 cm 的皂荚良种树木当年生半木质化健壮嫩枝,去掉嫩刺、嫩梢作为接穗。通风保湿运输,随采随用。

3.4.3 嫁接

起砧:4 月中下旬砧木培育完成,当皂荚种子发芽、长到7~10 cm 时,芽苗作为砧木用手轻轻挖起,再用清水将砧木上的砂子冲选干净。洗净后用70% 甲基托布津可湿性粉剂 800 倍液(质量倍)浸泡 20 min,取出放在透水的塑料筐内,沥干水分备用。起砧时注意轻拿轻放,不要损伤折断砧木的芽和根。

削穗:选取接穗上饱满的叶芽,用 75% 酒精消过毒的锋利单面刀片在叶芽下部1.0~1.5 cm 处两侧下刀,削成双面楔形,削面长0.5~1.0 cm,再在叶芽上部1.0~1.5 cm 处切断,接穗上留取3~4 片叶子,将削好的接穗放入装有 1%~3%(质量百分比)白糖水的盆内备用。

削砧:用 75% 酒精消过毒的锋利单面刀片在芽苗初生根上部胚轴2~3 cm 处切断,对准中央纵切下一刀,深0.7~1.2 cm,芽苗根部保留4~6 cm,多余部分切除,即完成削砧。

插穗和包扎:将削好的接穗插入砧木的切口内,使形成层对齐,用1 cm×3.5 cm 的铝箔片将嫁接部位卷紧即可,但不能将砧木压折。将嫁接好的苗木放在阴凉处的箩筐内,并用湿布盖好,避免日光照射,以备统一栽植。

3.4.4 嫁接苗栽植

架设荫棚:栽植皂荚嫁接苗的圃地必须设有荫棚,荫棚高1.6~1.9 m,遮阴度在 70%~90%。

栽植:将装好基质(蛭石∶珍珠岩∶草炭土 =1∶1∶1)的营养袋整齐摆放在苗床上,提前用水将营养袋浇透,并用 50% 多菌灵可湿性粉剂 400 倍液喷洒消毒。右手用经消毒的竹签,插入营养袋中部基质 5 cm,向一边轻拨,将嫁接苗根部放入基质中,抽出竹签填土并压实,浇透水后盖上薄膜,四周用土压紧密封。

3.4.5　嫁接苗管理

温度、湿度管理:嫁接苗栽入营养袋浇透水后,苗床外立即搭建拱棚覆盖塑料薄膜,保持相对湿度 85% 以上,温度白天保持在 25 ℃左右(不超过 30 ℃),夜间保持在 20 ℃左右(不低于 15 ℃)。一直闭棚 20 天左右,中间间隔 2 ~ 3 天揭开一小口,检查温湿度和墒情,一般不会出现缺水。如发现缺水及时浇水;如天气晴好,棚内温度超过 30 ℃,及时在温棚薄膜上洒水降温或加盖遮阳网。一般 20 天后嫁接口可愈合,接穗开始萌芽抽叶。此时可以早晚适当揭开拱棚两头通风,逐步降低温湿度,经过 10 天左右的炼苗,拱棚塑料薄膜可以去掉,遮阳网要一直保存到 60 天后,苗木进入正常管理。

喷水与追肥:嫁接苗床,既不能积水也不能缺水,如发现苗床缺水,应及时喷灌。注意只能用喷壶喷灌,不能漫灌。每揭开一次薄膜时都要喷一次水,喷水量根据苗床湿度而定。当嫁接苗生长到 3 ~ 5 cm 高时,可以结合喷灌追施浓度 0.2% 的尿素水或者叶面宝等叶面营养肥。

3.5　苗圃管理

3.5.1　水分

苗圃灌溉用水一定要达到Ⅱ类标准,苗木所需要的水分是通过根系从土壤中吸收的,当圃地的土壤水分不能满足苗木生命活动的需要时,就必须进行灌溉。灌溉是防止干旱,保证苗木需水量最可靠的办法。合理灌溉的任务,就是用最少量的水取得最大的效果,做到适时适量。

灌溉应根据种苗特性和苗木生长发育各个时期的不同要求进行。为了保证苗木生长的水分供应,不能等待苗木出现萎蔫状再灌溉,应根据土壤的干燥情况来决定是否灌溉。一般当表土层 5 cm 以下出现干燥时就需灌水。

播种后,为保持土壤湿度防止板结,一般都用草加以覆盖。如天气干旱,土壤缺水干燥,要及时灌溉,保持土壤适当的湿度,才有利于种子的发芽。

苗木出土后,3~5月苗木幼小,根系分布浅,抗旱能力低,要采用多次少灌。6~8月苗木进入速生期后,需水量增加,同时正值夏季天气炎热,苗木蒸腾和土壤蒸发量大,要注意及时灌溉。这时苗木根系深入土层较深,可采用少次多量、一次灌透的办法,保证苗木的需水量。9月中旬以后,可停止灌溉,使苗木充分木质化,利于休眠越冬。若此时灌水多会引起苗木徒长,易受冻害。

确定每次灌溉量的原则,应保证苗木根系分布层处于湿润的状态。土壤最适宜的湿度是田间持水量的60%。当水分过多时要注意及时排水,否则造成涝害。

灌溉的时间应尽量在早晨、傍晚进行。这样不仅可以减少水分蒸发,而且不会因土温发生急剧变化而影响苗木生长。

目前,一些条件较好、育苗要求较高的苗圃已采用移动式人工降雨或固定(管道)式人工降雨。这是一种较先进的灌溉方法。喷灌后不仅湿润土壤和苗木,还能调节空气湿度,同时节水、省工,工效高。在有条件的地方,应大力推广使用。但在喷灌时水点不宜过大。喷灌机切忌损伤苗木和破坏床面。

在临时苗圃或个体小型苗圃没有条件采用喷溉时,一般采用沟灌引水和浇水灌溉。沟灌节省劳力,床面不会板结。缺点是用水量多,圃地不平整,灌溉不均匀。浇水灌溉需劳力多,且劳动强度大,但优点是省水,灌溉均匀,一般苗木生长前期,宜用浇水灌溉。

3.5.2　施肥

3.5.2.1　施肥的意义

苗圃育苗,因其密度大,根系活动范围窄,从幼苗到培育成合格的出圃苗期间,需从土壤中吸收大量养分,以满足正常的生长和发育。同时,由于雨淋和灌溉等影响,常把土壤中可溶性物质淋溶到土壤底层或流失,如果不及时补充土壤中的养分,苗木生长和发育将严重受到抑制。苗木体内必需的营养元素共有16种,在这些元素中,碳、氢、氧是构成一切有机物的主要元素,占植物体总成分的95%左右,其他元素共占植物体的4%左右。碳、氢、氧是从空气和水中获得的,其他元素主要是从土壤中吸取的。植物对氮、磷、钾3种元素需要量较多,而这3种元素尤其是氮、磷在土壤中含量少,常感不足。因此,人们用这3种元素做肥料,称为肥料三要素。因此,苗圃地施肥,对于提高单位面积的产苗量和苗木质量,以及不断提高土壤肥力,实现持续增产、稳产起着重要作用。

3.5.2.2 氮、磷、钾对苗木生长的作用

1. 氮的作用

氮是植物制造蛋白质的原料,又影响着叶绿素的形成。氮的增加可使叶面积相应增大,有促进光合作用的作用,因而加速了苗木的生长。尤其是对促进苗木地上部的生长起很大作用。土壤含氮的多少,在某种程度上能影响苗木对磷和其他元素的吸收。

氮过剩时枝叶繁茂而柔软,叶呈深绿色,叶片大,组织粗糙,细胞壁薄,叶嫩而多汁,节间长,徒长,营养生长旺盛,不利于苗木储藏营养物质,不能充分木质化,苗木对低温、干旱及病虫害的抵抗力弱。

如果缺氮,叶子呈黄褐色至淡黄色。因氮在苗木内容易运转,缺氮时叶子色浅,全部变成黄色或黄褐色;根生长不良,侧根少,影响吸收养分,降低光合产物;苗木生长矮小细弱。氮不足时,施用硝酸盐以后叶子即能变绿而生长。

2. 磷的作用

磷与氮同是苗木生长过程中最重要的成分,磷在苗木体内的含量虽比氮少,但二者不足时,都会使苗木生长不良。因为磷是细胞核的组成成分,特别是在细胞分裂和分生组织发生过程中更为重要。此外,磷还能促进根系生长,能使根系扩大吸收面积,使苗木生长充实而坚硬,并能提高苗木对病虫害、低温和干旱等的抗性;有促进形成叶绿素和合成蛋白质的作用,并有利于新芽和根生长点的形成;能促进有益微生物的活动。

磷素不足对苗木生长的影响是严重的,尤其是在幼苗期缺磷,苗木生长迟缓、矮小、顶芽发育不良,叶呈暗绿色或古铜色,有时呈现紫色或紫红色。新梢生长短,冬芽出现较早。侧根少而细长。严重缺磷的苗木,侧芽退化,下部的叶子枯落,以后再施肥也不易使苗木恢复正常。缺磷使新根和根系的生长都受到抑制,因而易患猝倒病。苗木缺磷的生态表现不像缺氮表现得快,一旦出现症状,再施磷肥也常是无济于事。

3. 钾的作用

苗木体内含钾量较多，钾是苗木生长绝对不可缺的营养元素，钾能补偿光照的不足，有促进氮化合物的合成作用和细胞分裂；适量的钾能加强光合作用，促进纤维素的合成，利于苗木木质化；在生长季节后期，促进淀粉转化为糖，提高苗木的抗寒性；钾在苗木体内呈水溶性存在，使苗木体内的溶液浓度提高，苗木的结冰点下降，因而增强了苗木的抗寒性，有利于根系生长。

如果缺钾，在生长期叶为暗绿色或深绿色，是氮过多所呈现的颜色，生长缓慢。

3.5.2.3 肥料种类

苗圃地常用的肥料有有机肥料、无机肥料和菌肥3种。

1. 有机肥料

有机肥料如厩肥（牛粪、马粪、猪粪）、堆肥、绿肥、河泥、饼肥、草木灰、火烧土（焦泥灰）等，其养分含量见表3-3。

表3-3 有机肥的养分含量 （%）

肥料种类	水分	有机质	全氮(N)	全磷(P_2O_5)	全钾(K_2O)
（新鲜）人粪	70	20	1.0	0.5	0.4
人尿	90	3	0.5	0.1	0.2
猪粪	82	15	0.6	0.4	0.4
猪尿	95	28	0.3	0.1	1.0
马粪	76	20	0.5	0.3	0.2
马尿	90	60	1.2	痕迹	1.6
牛粪	—	14.5	0.3	0.3	0.2
牛尿	—	3.5	0.5	痕迹	0.7
羊粪	—	31.4	0.6	0.5	0.2
羊尿	—	8.3	1.7	痕迹	2.1
鸡鸭粪	—	25.5~26.2	1.1~1.6	1.4~1.5	0.6~0.9
一般厩肥	72	25.5~26.2	0.5	0.2	0.6
一般土粪	—	2~5	0.1~0.9	0.2~1.7	0.3~1.6

续表 3-3

肥料种类	水分	有机质	全氮(N)	全磷(P_2O_5)	全钾(K_2O)
河、沟、湖泥	—	15~25	0.3	0.3	1.6
一般堆肥	65~75	5	0.4~0.5	0.2~0.3	0.4~2.7
高温堆肥	—	24~42	1~1.8	0.3~0.8	0.5~2.5
一般绿肥	>80	17~18	0.4~0.6	0.1~0.2	0.2~0.5
秸秆类	—	—	0.5~0.6	0.2~0.3	2~3
大豆饼	—	—	6.3~7	1.1~1.3	1.3~2.1
棉籽饼	—	—	3.4	1.6	1.0
茶籽饼	—	—	1.1	0.4	1.2

2. 无机肥料(化肥)

无机肥料有尿素、硫酸铵、硝酸铵、氯化铵、碳酸氢铵、过磷酸钙、钙镁磷、硫酸钾、氯化钾等,氮、磷、钾化肥的含量标准见表 3-4。

表 3-4　氮、磷、钾化肥的含量标准

氮肥						
名称	含N(%,以上)	水分(%,以下)	游离酸(H_2SO_4)(%,以下)	等级	生产国	备注
氨水	20			1	国产	以NH_3%计,HG1—88—64
硫酸铵	19	0.5	0.08	1	国产	以干基计,GB 535—83
	19	0.5	0.05		日本	
	19	0.5	0.03		德国	
硝酸铵	34.4	0.6	甲基橙指示剂不显红色	优等	国产	以干基计,GB 2945—89
氯化铵	25.4	0.5		优等	国产	以干基计,GB 2946—92
碳酸氢铵	17.2	3		优等	国产	以湿基计,GB 3559—92,优等品和一等品须含添加剂
尿素	46.3	0.5	缩二脲% ≤ 0.9	优等	国产	以干基计,GB 2401—91

续表 3-4

磷肥

名称	P_2O_5(%,以上)	水分(%,以下)	游离酸(P_2O_5)(%,以下)	等级	生产国	备注
过磷酸钙	20	8	3.5	特级	国产	ZBG 21003—87
磷酸氢钙	30	25		特级	国产	以干基计,HG 14—792—75
(沉淀)磷酸钙	24	25		1		
钙镁磷肥	18	0.5		1	国产	HG 1—294—81,均以有效磷为指标

钾肥

名称	K_2O(%,以上)	水分(%,以下)	杂质(%,以下)	等级	生产国	备注
硫酸钾	50	1	Cl 1.5	优等	国产	ZBG 21006—89
硫酸钾	50	1	Cl 1.5		法国	Tyler mesh
氯化钾	60	0.5			加拿大	
氯化钾	62	0.1	NaCl 1		加拿大	Tyler mesh

化成复合肥

名称	有效 P_2O_5(%,≥)	水分(%,以下)	N(%,≥)	等级	生产国	备注
磷酸一铵(粒状)	52	1	11	优等	国产	GB 10205—88
磷酸一铵(粉状)	49	7	9	优等	国产	ZBG 21009—90
磷酸二铵(粒状)	48	1.5	16	优等	国产	GB 10205—88
硝酸磷肥	135	0.6	27	优等	国产	GB 10510—89

混成复合肥

项目	高浓度	中浓度	低浓度(三元)	低浓度(二元)	等级	生产国	备注
养分总量(%)	40	30	25	20		国产	($N+P_2O_5+K_2O$,%) GB 15063—94
游离水(%)	2	2.5	5	5			
水溶磷占有效磷(%)	50	50	40	40			

3. 菌肥

菌肥包括固氮菌剂、根瘤菌剂和抗生菌剂等。

土壤中某些真菌与某些高等植物的根系形成共生体,称为菌根。形成菌根的真菌称为根菌,具有菌根的植物称为菌根植物。植物供给根菌以碳水化合物,根菌帮助根系吸收水分和养分。不同的根菌所起作用也不同,有些真菌有固氮性能,能改善植物的氮素营养;有的根菌分泌酶,能增加植物营养物质的有效性;有的根菌能形成含维生素、生长素的物质,有利于植物种子发芽和根系生长。

在农业生态系统中,结瘤豆科植物有200多种,它们是最卓越的生物固氮因子。菌根分为外生性菌根和内生性菌根。外生性菌根在林木中比较普遍,如松科、杨柳科、桦木科、壳斗科、榆科、槭树科、桃金娘科等中的一些种。内生性菌根如槭、枫、榆、槐、杨等。

为增强林地固氮能力,间种豆科作物的同时,接种根瘤菌或带菌根菌的土壤。为使菌根菌更快地繁殖,要创造对它有利的土壤条件,保持土壤的湿润和良好通气条件,并且可适当地增大接种量。

3.5.2.4 施肥方法

1. 施肥原则

(1) 要根据圃地土壤养分状况,缺什么补什么。分析圃地土壤各类营养元素的含量,是施肥的重要依据。

(2) 在气候温暖而多雨地区(如河南省淮河以南的信阳)有机质分解快,矿质养分易淋失。施有机肥料时宜用分解慢的、半腐熟的有机肥料;追肥时次数宜多,每次用量宜少。在气候寒冷地区(河南省黄河以北广大地区)有机质分解较慢,用有机肥料的腐熟程度可稍高些,但不要腐熟过度,以免损失氮素。因降雨量少,矿质养分淋失较少,追肥次数可比上述情况少,每次的用量可适当加多。

(3) 不同树种的苗木需要氮、磷、钾的数量不同。皂荚属豆科树种,它能固定空气中的氮素。因此,氮的用量可适当减少,而需要磷较多。在苗木快速生长期,要适当增加氮用量。一般8月以后,不要再用氮肥,为促进苗木木质化,要增施钾肥。

(4) 氮、磷、钾和有机肥料配合使用的效果好,因为氮、磷、钾配合使用能相互促进发挥作用。如磷能促进根系发达,利于苗木吸收氮素,还能促进氮的合成作用。在幼苗期应及时供应苗木速效氮和磷,而有机肥料逐渐分解是苗木全生长期的营养来源。但混合肥料必须注意各种肥料的相互关系,不是任何肥料都能混合施用,有些肥料不能同时混到一起施用,一旦混合会降低肥效。

2. 施肥方法

一般圃地施肥有基肥和追肥两种。

基肥是苗木整个生长期内营养的主要来源,苗圃地应以基肥为主,用腐熟的有机肥料。有机肥料不仅含有丰富的氮、磷、钾,而且含有其他元素和微量元素,肥效长,对改良土壤结构、提高肥力有良好作用。基肥一般以有机肥料为主,如堆肥、厩肥、绿肥和草皮土等。有机肥料与矿质肥料混合或配合使用效果更好。基肥是在做床前耙地时将肥料均匀撒在圃地上,每亩约用厩肥2 500 kg、硫酸铵5 kg、过磷酸钙30 ~ 50 kg,混合施用,把肥料翻入土中,然后按苗床规格进行做床。基肥施放深度应在15 ~ 17 cm,正好在苗床中部,使肥料保持适宜的温度,利于好气性微生物活动,加快有机质的分解,并能防止铵态氮的损失。另一个原因,磷肥在土壤中几乎不移动,施肥过浅或过深都不利于苗木吸收利用。磷肥的深度应在苗木主要吸收根系所在位置,不要在吸收根系的上面。如果为了调节土壤中的酸碱度、改良土壤,在红壤地区可以施用石灰,以基肥施放。石灰除有中和土壤酸性的作用外,还能增加土壤中的钙素,这样有利于土壤中有益微生物的活动,促进有机物质的分解,减少磷素被活性铁、铝所固定,而且还可改良土壤结构。

种肥也可做基肥施。种肥是在播种时或播种前施于种子附近的肥料,一般以速效磷为主。种肥不仅给幼苗提供养分,又能提高种子发芽率,因而能提高苗木的产量和质量。施种肥能取得良好效果的原因:第一,苗木在幼苗期对磷很敏感,在幼苗期如果缺磷会严重影响幼苗根系和地上部分的生长。施种肥距幼苗的根系近,当幼苗生出侧根后,能及时吸收到磷肥,利于根系生长;第二,基肥与种肥配合使用,苗木可以分层利用肥料;第三,磷肥颗粒肥料与土壤接触面积小,故能提高肥效25% ~100%;第四,颗粒肥料有较好的物理性,有利于种子发芽和幼苗根系与地上部分的生长。此外,还可以在圃地接种菌根。

追肥是在苗木生长期内,在苗木生长发育需要而施用的肥料。一般苗木前期以氮肥为主,后期以磷、钾肥为主,立秋后停止施追肥,以免造成苗木徒长,降低苗木质量。同时还应根据苗龄不同,按照先淡后浓、少量多次的原则进行。施追肥可结合松土、除草进行,以速效性的无机肥料为主。

1) 追肥常用的矿质肥料(化肥)

(1) 矿质氮肥。

硫酸铵[$(NH_4)_2SO_4$]:速效铵态氮肥,含氮量为20%~21%。硫酸铵施入土壤后铵离子很快被植物吸收或被土壤胶体所吸附,而硫酸根离子则留在土壤溶液中。因此,长期、大量施用硫酸铵会增加土壤酸性。在生产中为防止土壤酸性增强,常与有机肥配合施用。

硝酸铵(NH_4NO_3):含氮量为33%~35%。硝酸铵易溶于水,是速效氮肥,它既含有铵态氮,又含有硝酸态氮,二者均能被植物吸收利用。因此,硝酸铵是一种在土壤中不残留任何物质的良好肥料。

尿素[$CO(NH_2)_2$]:含氮量为44%~46%。尿素是目前含氮量最高的矿质肥,属中性肥料,长期施用对土壤没有破坏作用。其残留成分碳酸有助于碳素的同化作用,也可促进难溶性磷酸盐的溶解,促进磷的吸收利用。

碳酸氢铵(NH_4HCO_3):含氮量17%左右。碳酸氢铵是一种不稳定的肥料,易溶于水,在一定条件下分解为氮、水和二氧化碳,极易失去有效成分,从而使肥效降低,但长期施用不会对土壤产生不利影响。碳酸氢铵可做基肥和追肥,应深施并覆土,立即灌溉,促使其与土壤胶体发生代换,铵态氮被吸附,防止氨的挥发。

(2) 矿质磷肥。

过磷酸钙:普通的过磷酸钙,主要是$Ca(H_2PO_4)\cdot H_2O$和硫酸钙的混合物,硫酸钙约占50%,P_2O_5占14%~20%,是水溶性肥料。当施入土壤后,磷酸根离子被土壤吸收和固定,流动性小,当年不能被植物全部利用,一般只能利用10%~25%。因此,过磷酸钙的施肥量应适当加大,固定在土壤中的磷仍有后效。

重过磷酸钙:主要成分为$Ca(H_2PO_4)\cdot H_2O$,重过磷酸钙不含硫酸钙等杂质,含P_2O_5约45%。重过磷酸钙性质比过磷酸钙稳定,易溶于水,水溶液呈弱酸性,吸湿性较强,容易结块,一般做成颗粒状。用法与过磷酸钙相似,由于含 P_2O_5 较大,用量应减少。

(3) 矿质钾肥。

硫酸钾(K_2SO_4):含 K_2O 50%,溶于水,是速效肥料,施入土壤后 K^+ 被土壤胶体吸附保存,移动性比较好,宜作基肥。若用作追肥,要集中施到苗木根部,以利于根系吸收。当年利用率为20%～30%。

氯化钾(KCl):含 K_2O 40%～50%。其苗木吸收方式及用法与硫酸钾相似。

2) 追肥方法

(1) 土壤追肥。

土壤追肥是常规的追肥方法,它是苗木追肥的基本方法。

追肥时间对追肥的效果影响很大。因为幼苗对磷和氮很敏感,如果不足会影响生长。此外,在早春是苗木根系生长时期,需要磷和氮,所以早施氮肥和磷肥能促进根系生长,提高苗木质量。因此,追肥要适时,宜早不宜迟。皂荚追肥宜在4月上旬开始施入氮肥。

追肥的结束期不宜过晚,尤其氮肥追肥停止期,如果太晚而量多,使苗木徒长,到秋季不能充分木质化,降低苗木对低温和干旱的抵抗能力。一般情况下,最后一次氮肥,应该在速生期最后一次高生长高峰之前施肥。但在速生期后期施钾肥,能提高苗木对低温和干旱的抵抗能力。此外,对于前期生长型苗木,为了促进茎、根生长,可在苗木硬化期的茎、根生长高峰之前,用氮肥进行一次追肥,但用量不宜多,以防促进苗木二次生长。皂荚在8月底进行最后一次追施氮肥,之后再施一次钾肥。

一般应用的追肥方法有沟施法、浇灌法和撒施法。沟施法又叫条施,把矿质肥料施在沟中。沟施的深度,原则上是使肥料能最大限度地被苗木吸收利用。具体深度因肥料的移动范围和苗根的深浅而异,一般深达5～10 cm,磷肥应达10 cm以上,因为磷肥在土壤中几乎不移动。苗根分布浅的宜浅,分布深的宜深。

化学肥料可用液体也可用干施。氮肥施用量,如硫酸铵3～10 kg/亩,硝酸铵5～10 kg/亩。液体追肥先将肥料溶于水(加水量为30～100倍),再浇在沟中盖土;干施为了撒肥均匀,可用数倍或十几倍的干细土与肥料混合后再撒于沟中,最后用土将肥料加以覆盖,以防损失肥效。撒施肥料时,严防撒到苗木茎、叶子上,否则会严重地灼伤苗木致使苗木死亡。浇灌法是把肥料溶于水后浇于苗行间。这种施肥方法虽然比较省工,但施肥浅,不能很好地覆盖肥料。撒施法是把肥料与干土混合后撒在苗行间,然后通过松土或撒土覆盖或直接灌溉使肥料渗入土中。

肥料中氮、磷、钾比例对施肥效果有一定影响,正确地决定氮、磷、钾三者的比例是一个重要问题。但是,由于各种土壤所含氮、磷、钾的数量不同,而且各种树种所要求的比例也不一致,所以也是个复杂问题。现据国内外的资料对氮、磷、钾的施肥比例提出如下的参考意见:以磷为基础,氮是磷的1~4倍,钾是磷的1/2或与磷相等,即氮:磷:钾=(1~4):(1~3):(0.5~1)。

土壤追肥的次数每年3~5次,具体次数要根据苗圃地土壤的保肥情况和降雨量以及苗木生长情况而定。例如在土壤保肥力好或降雨量不太多的地区,追肥次数可适当少,每次用量要多;保肥力差的沙土或降雨量较多的地区,追肥次数宜增多,而每次用量要少。追肥的间隔期因树种高生长期的长短、追肥次数和环境条件等的不同而异。对皂荚苗而言,每隔2~5周1次。幼苗期因苗小用量宜少;速生期苗木生长快,用量宜多。

(2)根外追肥。

根外追肥指使用速效肥料的溶液喷于苗木的叶面上的施肥方法。因为叶子是苗木制造碳水化合物最重要的器官,肥料喷到叶子上很快即能渗透到叶部的细胞中,通过光合作用制造碳水化合物,最后合成苗木所需要的各种营养物质。

根外追肥技术,第一,溶液浓度要适宜,浓度过高会灼伤苗木,甚至会造成苗木大量死亡,如磷、钾肥料以1%为宜,最高不超过2%,每次每公顷用肥量为38~75 kg;尿素浓度以0.2%~0.5%为宜,每次每公顷用肥量7.5~15 kg。第二,磷、钾进行根外追肥时,磷钾溶液一般为3:1,例如配2%的溶液,用过磷酸钙750 g加氯化钾250 g,用水浸4~5 h,要经常搅拌,把溶液澄清后,经过过滤再喷。第三,为了使溶液以极细的微粒分布在叶面上,利于肥料溶液很快进入叶子内部,应使用压力较大的喷雾器。第四,喷溶液的时间,宜在傍晚和夜间,具体见表3-5。第五,喷溶液量以不使叶子上的溶液流下或流到叶尖上为度。第六,根外追肥要喷多次,一般喷3~4次,如果喷后2日内降雨,会冲掉尚未被吸收的肥料,故雨后应再补喷1次。根外追肥效果不能全部代替土壤施肥,它只能作为一种补充施肥方法。

表3-5　根外追肥时期及浓度

肥料种类	追肥时期	追肥浓度(%)
尿素	生长期	0.2~0.5
磷酸二氢钾	生长期	0.3~0.5
硼砂	生长期	0.5~0.8
硫酸锌	发芽期	0.5~1.8
硫酸亚铁	5~6月	0.2~0.5
硫酸钾	7~8月	0.3~0.6

3.5.3　松土除草

松土是在苗木生长期间对土壤进行浅层的耕作,人们常把松土称为"无水灌溉"。其效果是:切断土层毛细管,减少水分蒸发;促进气体交换,给土壤微生物创造适宜的生活条件,提高土壤中有效养分的利用率,促进苗木生长;如果床面过湿,经过松土能加大水分蒸发,农谚谓"松土三分火",对盐碱地能减轻土壤返盐碱。杂草危害苗木生长,必须及时清除,减少病虫危害。松土除草宜结合进行。除草应掌握"除草、除小、除了"的原则。

松土除草一年中要进行3~5次。松土深度3~6 cm,随着苗木的长大而加深。即使是使用化学除草,床面没有杂草,也要进行松土,特别是在干旱、土壤板结时更显得重要。

苗圃地除草结合中耕进行,可采用机具。在苗圃地除草如采用化学除草方法,只使用具有选择性除草剂,往往会引起药害,并污染土壤。只是专门除草,在条播圃地可以用小齿耙,1个人工可除2~3亩(1亩=667m^2)的圃地草,1年除草3~4次,既安全,成本也不高。

在圃地尽可能不用化学除草剂。如果在杂草特多的地方,可考虑使用土壤处理剂,结合耙地施入,待药性过后再作床播种。

3.5.3.1　伏草隆

伏草隆又名棉草完、高度蓝。原药为白色至灰褐色结晶。常温下贮存稳定在2年以上。对人、畜低毒。加工剂型有50%、80%伏草隆可湿性粉剂。

1. 作用特点

伏草隆为内吸传导性土壤处理剂。药剂主要通过杂草的根部吸收,也可做叶面触杀剂。若药液中加入表面活性剂或无毒油类,可以增加叶部的吸收量。伏草隆的杀草机制,是抑制杂草的光合作用。

2. 防除对象与使用方法

伏草隆对1年生禾本科和阔叶杂草都有较理想的除草效果,持效期长,约100天,一次施药基本可控制整个生育期的杂草危害。用于苗圃可防除稗草、马唐、狗尾草、牛筋草、繁缕、龙葵、小旋花、马齿苋、灰菜等杂草。对多年生禾本科植物及深根性杂草无效。

3. 注意事项

切勿把药液喷到苗木的幼芽或叶子上,以免造成药害;沙土地使用本药剂时要减量使用;施药后须洗净暴露的皮肤及衣服,并应毁弃包装物和彻底清洗施药器具。

3.5.3.2 除草通

除草通又名杀草通、二甲戊乐灵、胺硝草、施田补。制剂为无臭、橙黄色液体,在碱性和酸性条件下均稳定,不易分解,常温下贮存稳定在2年以上。对人、畜低毒。加工剂型有33%、50%除草通乳油和3%、5%除草通颗粒剂。

1. 作用特点

除草通为内吸传导性土壤处理剂,是一种选择性除草剂。不影响杂草种子的萌发,而是在杂草种子萌发过程中幼芽、茎和根吸收药剂后而起作用。双子叶植物吸收部位为下胚轴,单子叶植物为幼芽。其受害症状是幼芽和次生根被抑制。

2. 防除对象与使用方法

用于苗圃可防除1年生稗草、马唐、狗尾草、早熟禾、看麦娘、苋菜、灰菜、蓼等禾本科和阔叶杂草,也可防除莎草科杂草。在果树生长季节,杂草出土前,33%除草通乳油用量200~300 mL/亩,兑水50 kg,均匀喷洒地面。为扩大杀草谱,可与莠去津混用。

3. 注意事项

除草通防除单子叶杂草效果比双子叶杂草效果好,因而在双子叶杂草通过作物的药害,在土壤处理时应先施药,后浇水,这样可增加土壤吸附,减轻药害。该产品为可燃性液体,运输及使用时应避开火源。应放在原容器内,并加以封闭。贮存于远离食品、饲料及儿童、家畜接触不到的地方。

3.5.4　苗木出圃

3.5.4.1　**起苗**

每年应于11月苗木落叶后至次年苗木发芽前起苗。起苗时保持根系完整,每50株或者100株扎成捆,并附以标签及苗木检疫证。

每批苗木应挂有标签,标明苗木品种、生产单位、苗龄、等级、数量、起苗日期、批号、标准号、苗木检验证书号等。

标签示例

树　种:	生产单位:	苗　　龄:
等　级:	数　　量:	起苗日期:
批　号:	标 准 号:	
苗木检验证书号:		

3.5.4.2　**检验方法和规则**

按照《主要造林树种苗木质量分级》(GB 6000—1999)和《中华人民共和国种子法》有关规定执行。

3.5.4.3　**包装和运输**

按照苗高和地径分级包装,每50株或者100株一捆,标明品种、产地及出圃日期。在运输过程中注意保湿、防晒和防寒,及时运往造林地。

3.5.4.4　**检疫**

跨县境调运苗木应根据《中华人民共和国种子法》有关规定办理调运检疫等手续。

3.5.4.5　**假植**

起苗后不能立即外运或栽植时,要进行假植。越冬假植要做好苗木的防冻保护和遮阴保湿。

第4章　栽培技术

4.1　营造林技术

4.1.1　良种选择

4.1.1.1　良种标准

（1）丰产性。构成丰产的性状主要是树形、发枝、开花、结果(包括数量和经济性状)、隔年产量情况等;刺用皂荚良种所产棘刺外形美观,大小均匀,刺长而密,一年生枝上刺分刺长达8 cm以上。多年生枝上刺2～3级螺旋状排列,主刺平均长15 cm以上。盛产期树年单株产量达1.8～2.0 kg以上。

（2）抗逆性。是指对干旱、水涝、低温、高温、病虫害的抵抗能力。皂荚良种耐干旱,耐瘠薄,抗病虫,适应性强,能在干旱、瘠薄的土壤上生长,并生长旺盛,正常产刺、结果。

（3）经省级以上林木良种审定委员会确认的品种。

4.1.1.2　良种选用的原则

（1）有一定市场,能及时销售出去。

（2）首先在本地选择出来的,在本地适应性和适栽性都好的当家品种。

（3）本地没有适当的品种或外地有更好的品种,要引种也尽可能就近选用,如果要引种外地或外国品种,要严格按照引种程序和要求进行。

（4）为了保持母本的优良性状和提早收获,在繁殖方法上要求采用无性繁殖,主要是嫁接繁殖、扦插繁殖。同时应建立采穗圃,扩大繁殖。丰产林栽培必须通过良种优树、无性繁殖苗栽植的途径来实现良种化。

4.1.1.3　皂荚优良品种

以前,各地栽培皂荚基本上为实生苗建园,即从结果大树上采集种子进行育苗,所育苗木植株变异较大,年生长量、棘刺(形态、大小、成熟期、颜色)、叶片、抗性等均有较大差异,不能保证棘刺成熟期集中、品质优良、丰产稳产等优良性状。

1991年在中国林业科学研究院的组织下,在华北6省(市)开展了皂荚资源调查,调查认为:皂荚在中国北方已成残次分布,天然林(群体)已经消失,现存产地群体处于濒危状态。仅存数量不多的皂荚树零散分布在山区中低海拔地带或丘陵地区的村舍附近,皂荚种质资源急需抢救保存。因此,各地相继开展了关于皂荚方面的研究,取得了很多成效。2001年中国林业科学研究院筛选4个优良家系(品种):G202(镰荚)、G302(扁荚)、G303(圆荚)、G403(亮荚),通过国家林业局组织的成果鉴定。2006年河南省林业科学研究院在河南省范围内筛选以产皂荚刺为主的优良乡土品种“硕刺”皂荚、“密刺”皂荚,并于2012年通过了河南省林木品种审定委员会的审定。2014年山西省林业科学研究院选育出了山西省林木良种“帅丁”皂荚。中国林业科学研究院泡桐研究中心选育出优良绿化树种无刺皂荚。

4.1.2　林地选择

4.1.2.1　地形

选择海拔<800 m、坡度<25°且光照充足的地块作为造林地。海拔600 m以下,宜选阳坡、半阳坡;海拔600 m以上,宜选阳坡。

4.1.2.2　土壤

皂荚对土壤要求不严,只要排水良好即可,喜生于土层肥沃深厚的地方,在石灰岩山地及石灰质土壤上能正常生长,在轻盐碱地上,也能长成大树。但以选择土层厚度在50 cm以上,土壤有机质含量1.0%以上,地下水位1 m以下,排水良好,土壤pH值5.5~7.5的壤土、沙壤土或砾质壤土为宜。

在河南省的黄土丘陵区、黄淮平原及低山丘陵区均可栽植,在河滩、湖畔、低洼地注意排水。

4.1.2.3　光照

皂荚属阳性树种,在阳光条件充足、土壤肥沃的地方生长良好。喜温暖向阳地区,喜光不耐庇阴。适生于无霜期不少于180天、光照不少于2 400 h的区域。

4.1.2.4　温度

年平均气温10～17.5 ℃,极端最低温度不低于-20 ℃。

4.1.2.5　降水

皂荚耐旱节水,根系发达,在降雨量350 mm以上的区域均能正常生长。

4.1.3　建园

4.1.3.1　栽植密度

栽植密度即是单位面积上栽植苗木的株数。栽植密度决定了群体结构,影响着光能利用、地力利用,直接关系着产量高低,是皂荚林栽培中重要技术因素之一。适当密植增加叶面积,充分利用光能,减少空闲地面,合理利用地力。密度加大,虽免受阳光直射林内,保持林地湿润,提高土壤肥力,但并不是愈密愈好,是有一定幅度的。

皂荚林单位面积产量就是该面积上每一单株产量的总和,株数乘以单株平均产量即总产量。从中可以看出:密度大,总产量高,这种关系在一定范围内是正相关,超越一定的范围就成为负相关。另外,单株产量高,总产量高。单株产量高低与另外一些生产因素(品种、立地条件、经营水平)也有密切关系,立地条件好、经营水平高,皂荚单株产量也明显提高。

一般情况下,平地建园采用长方形、正方形、三角形规划种植穴,株行距为2 m×3 m,间作时,株行距可以再扩大些。丘陵或山地建园按等高线规划鱼鳞坑、水平阶,株行距为(1～2)m×(2～3)m,立地条件差的地方,可以再密些。

4.1.3.2　整地

根据林地的地势、土壤、耕作习惯和水土流失等条件,一般分为全面整地(全垦)和局部整地(带状整地、块状整地)。

1. 全面整地

全面整地是将准备栽种的林地全部挖垦。全面整地只限用于坡度较小,立地条件在中等肥厚湿润类型以上,以及有在林地内间种农作物习惯的地区使用。由于林地坡度较小,有利机械操作,一些农用机具能直接使用。缺点是易引起水土流失,因而要特别注意水土保持。

2. 局部整地

局部整地是根据栽植林地的自然条件，进行局部整地，以保持水土。局部整地有梯级整地、带状整地、块状整地3种方法。

1）梯级整地

梯级整地是最好的一种水土保持方法。用半挖半填的办法，把坡面一次修改成若干水平台阶，上下相连，形成阶梯。梯土是由梯壁、梯面、边埂、内沟等构成的。每一梯面为一皂荚种植带，梯面宽度因坡度和栽培的行距要求不同而异。一般是坡度越大，梯面越狭。筑梯面时，可反向内斜，以利蓄水。梯壁一般采用石块和草皮混合堆砌而成，保持45°～60°的坡度，并让其长草以做保护，梯埂可种植胡枝子等灌木。

修筑梯土前，应先进行等高测量，在地面放线，按线开梯。由于坡面坡度不会很规整，放线时要注意等高可不等宽，根据株行距的要求，在距离太大的坡面上，可以插半节梯，因为不可能要求每一条梯带都一样长，因此会出现长短不一的情况。

水平沟整地法：沿等高线环山挖沟，把挖出的土堆在沟的下方，使成土埂，在埂上或埂的内壁造林。

水平阶整地法：从山顶到山脚，每隔一定距离（按行距）沿山坡等高线，筑成水平阶（见图4-1）。

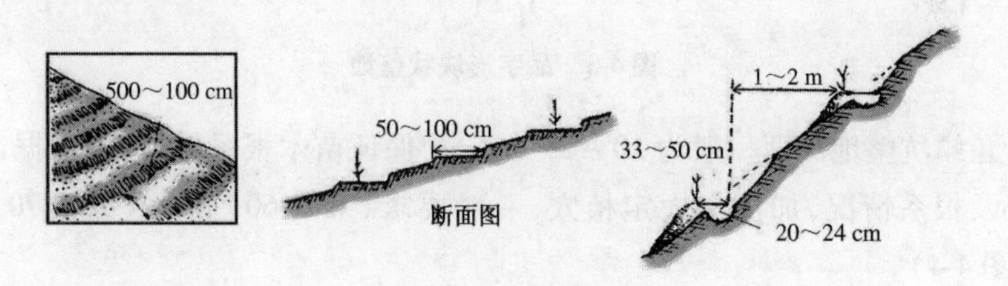

图4-1　阶梯形整地

随着皂荚栽培经营集约度的提高，要求建立“三保山”（保水、保土、保肥），水平梯土整地可以达到“三保山”的要求。但梯土整地要因地制宜，在坡度超过30°以上，或石山区不能应用梯土整地。

2）带状整地

在坡度25°以上的地段，不宜采用梯土整地。因填挖多，坡面动土太宽，梯壁高,壁埂不易坚牢,容易造成崩塌,应采用等高带状整地。其方法:沿山坡按一定宽度放等高线开垦,带与带之间的坡面不开垦,留生土带,每隔3~5条种植带,开挖一条等高环山沟用于截水。

等高沟埂:沿山坡等高线开沟,将挖出的土堆放在沟的下方,在埂的内壁栽树。沟深30~40 cm,宽40~50 cm。

栏栅拦土:在有林地开垦,可以利用原有树蔸,用树干横放在树蔸上,拦截挖松的土壤。这种整地方法较块状整地改善立地条件的作用好,有利于水土保持,也便于机械化施工(见图4-2)。

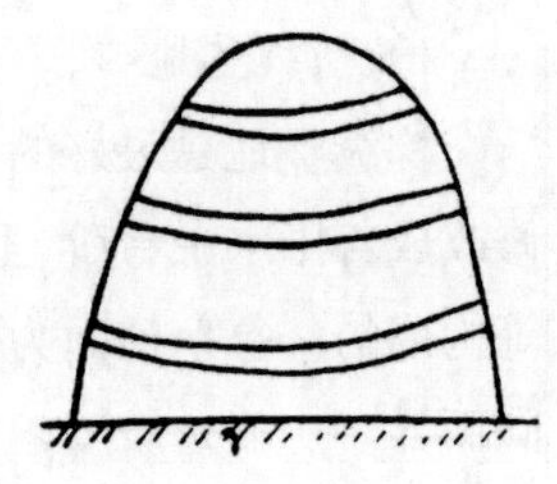

图4-2　带状整地

3）块状整地

在坡度大、地形破碎的山地或石山区造林,可采用块状整地。块状整地是按照种植点的位置在其周围翻松一部分土壤以利栽树成活。这种方法灵活、省工,但在改善立地条件方面的作用相对较差,蓄水保墒的作用不如带状整地。整地的范围视造林地条件、苗木大小及劳力情况而定(见图4-3)。

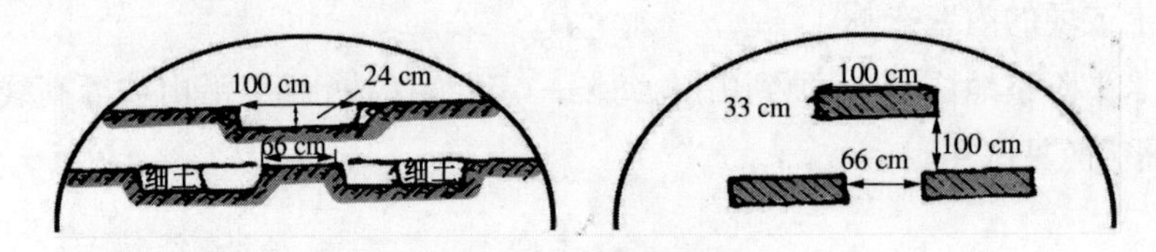

图4-3　品字形块状整地

鱼鳞坑整地深度一般为10~25 cm。为保证苗木根系舒展,应根据苗木大小及根系情况,加深加大定植穴,一般要求(45~60)cm×(50~70)cm(见图4-4)。

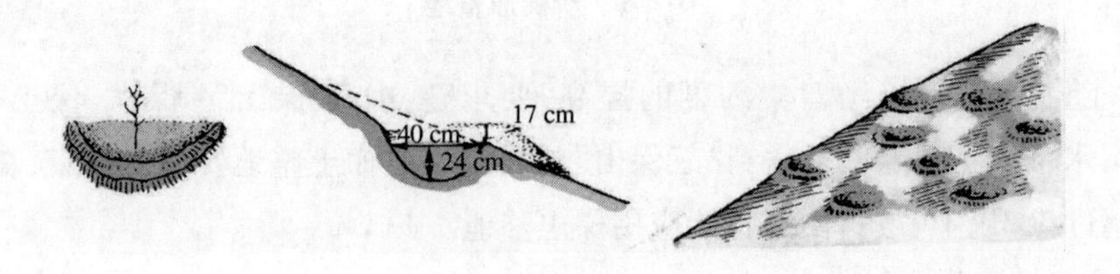

图4-4　鱼鳞坑整地

4.1.3.3　苗木选择

良种壮苗是皂荚栽培的物质基础。栽植前,必须把好苗木关,这是造林成功的关键。

不论实生苗、嫁接苗都要求Ⅰ、Ⅱ级苗木造林。苗木质量除苗高、地径指标外,还必须保持根系完整,不伤根皮,不伤顶芽,接口愈合良好,无病虫害。

4.1.3.4　栽植

1. 栽植时期

选择适宜的栽培季节,可以提高造林成活率,并有利于幼树的生长发育。

幼树成活的生理条件,首要的是使幼树茎叶的水分蒸腾消耗量和根系吸收的水分补充量之间取得平衡。所以,最适合的栽植时期应该是茎叶水分蒸腾量小,而根系再生作用(生根能力)最强的时间。

早春是皂荚最好的栽植时期,容易成活,而且生长好,因为早期栽植恰好与皂荚发芽前生根最旺盛阶段初期相吻合,同时这一时期的气候和土壤条件都对生根有利。但春季造林不能过迟,栽植过晚时上山苗木根系生长开始也晚,在芽开放以前还没有开始生根,由于叶片大量展开和天气逐渐暖和,植株地上部分蒸腾的水分不能和根系吸收的水分达成平衡,初栽苗木就不可避免地会干枯死亡。因此,春季造林要在土地解冻后立即进行,必须在发芽前栽植完毕。

河南省南部冬春干燥多风,雨雪少,而夏季雨量又比较集中的地区,如信阳、南阳等地区,可进行雨季造林。雨季造林必须正确掌握时机,在透雨的阴天进行,不能栽后等雨。

秋季栽植必须及时,以便来得及当年结束生根过程,翌春发芽前根系已能吸收土壤水分。但实际生产中常在晚秋栽植,只要栽后踏实土壤,随即封冻,也能收到良好效果。

2. 苗木处理

栽植前将苗木主干留30~40 cm截干,然后用清水浸泡12~16 h使苗木充分吸水。栽植前,要对皂荚苗的裸根进行修剪,剪除过长的主根和受损的根系,并进行蘸浆,泥浆用较细的表土搅拌生根剂和杀菌剂药水而成,泥浆不能过稠和过稀,以泥浆蘸根后,根系基本保持原舒展状态并均匀带泥浆为宜。

3. 栽植方法

裸根栽植是指苗木根系不带宿土。按其使用的工具不同分为手工栽植(包括穴植和缝植)及机械栽植(包括犁沟栽植和植树机栽植)。河南省大部分地方多采用手工栽植(见图4-5)。

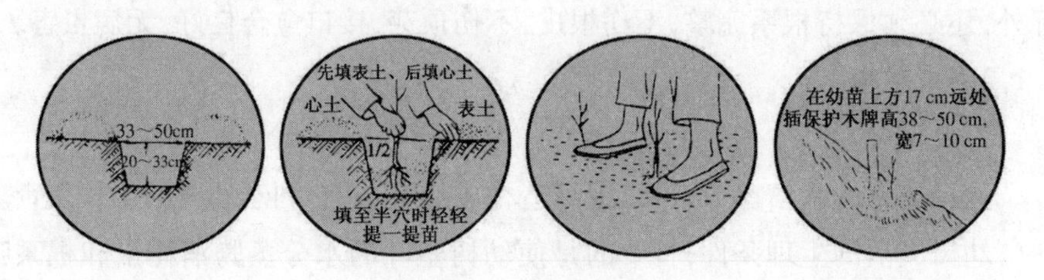

图4-5　栽植方法

此法虽操作简便,比较省工,但容易发生根系变形、弯曲和压土不紧的缺点,故在栽植时必须做到栽植深浅适当、苗木根系舒展、土壤与根系密接等要求。要求当年成活率在95%以上,第二年补齐缺株。

4.2　整形与修剪

4.2.1　整形与修剪的意义

4.2.1.1　整形

整形是指在皂荚幼龄期间,在休眠期进行的树体定形修剪。按照皂荚树体形状,采用强行整枝修剪的技术方法,培养出特定的理想树形。简言之,整形是从幼龄树开始,培养特定的树形。

4.2.1.2　修剪

修剪是在整形的基础上,逐年修剪枝条,调节生长枝与结果枝的关系,以保证树木地上部分和地下部分生长均衡协调,达到连年丰产稳产。

整形与修剪是互相联系的,不可能将其明确分开。整形是形成丰产稳产的树形骨架,但必须通过修剪来进行维持,所以是互相联系、不可分割的整体措施:通过整形修剪的调节,使树体构成合理,充分利用空间,更有效地进行光合作用;调节养分和水分的转运分配,防止结果部位外移。因此,整形与修剪,对于皂荚幼树提早结果,大树丰产稳产,提高品质,老树更新复壮延长结果期,推迟衰老期和减少病虫害发生,都起着良好的作用。

皂荚的整形与修剪是皂荚栽培综合技术措施之一。它之所以能起到良好的作用,必须是建立在综合林业技术措施的基础上,特别是建立在肥、水管理的基础上。如果没有这个基础,又不是根据皂荚的生物学特性、环境条件和管理技术等,单方面强调整形修剪,追求人工造形、追求美观,进行强烈修枝,将使树形缩小,生长与结果受到抑制,促进树势的衰老。

4.2.2　整形

4.2.2.1　树形

树形培养、整形等技术措施,是刺用皂荚丰产的重要环节。皂荚树极其喜阳光,主要采用二层开心形、疏散分层形、自然圆头形和主干形。总的来说,层间要大,阳光能进入内膛,小枝组多,大枝组少,即能丰产。

4.2.2.2　整形技术

1. 二层开心形

树体结构为主干高1~1.2 m,冠幅1.8 m左右,主干上着生主枝5~6个,分二层,第一层3个,第二层2~3个,无中干,顶部开心,主枝上配备大中小相间的枝组(见图4-6)。该树形整形容易,树体通风透光良好,丰产早,产量高,适应干性较差的品种及株行距小、立地条件差的地方栽培。

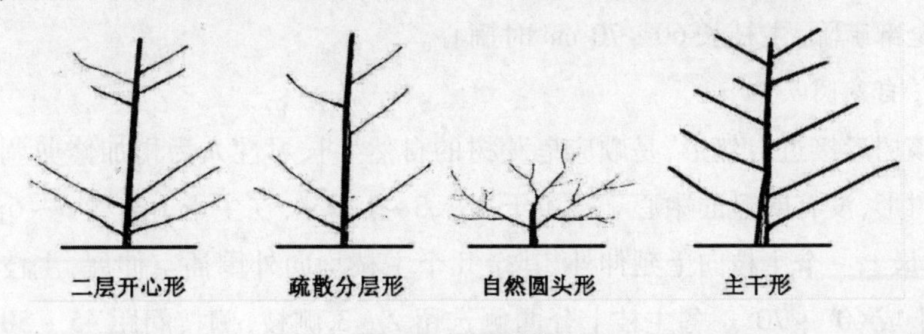

图4-6　主要树形

技术要点:建园当年干高留40~60 cm截干栽植,苗木发芽后保留所有新梢自然生长。第1年冬剪时在干高1.5~1.8 m处按邻接的方法选留第一层

3个主枝,层内距30～40 cm,若选不够3个,有几个选几个,截留40～50 cm培养主枝,其余枝条从基部疏除。第2年冬剪时对主枝延长枝留50～60 cm短截,同时选留第2层2～3个主枝,与第1层层间距1～1.2 m,疏除其余枝条。一般2～3年就能培养好树形结构,若没选好,第4年冬剪时继续培养。第5年进入棘刺盛期后,冬剪以疏为主,疏除树冠顶部过高的徒长枝、交叉枝、重叠枝、密生枝和衰弱枝,改善光照,节约养分。注意更新复壮骨干枝。对主枝采取缩、放、截的方法进行管理。

2.疏散分层形

主干高1.2～1.5 m,有明显的中心干,中心干上面着生6～8个主枝,分3～4层排列。第一层3个主枝,层内距30～40 cm。第二层2～3个主枝,层内距20～30 cm。第三层1～2个主枝,层内距15～20 cm。主枝数随层次增加逐渐减少。第一层与第二层层间距1～1.2 m,第二层与第三层层间距0.8～1 m,第三层与第四层层间距0.7～0.9 m,每个层主枝上分两侧着生侧枝,侧枝前后距30～50 cm。主枝基部与中干呈50°～60°(见图4-6)。该树形树冠高大,主枝多,层次明显,内膛不易光秃,产量高。适宜树势强健、干性强的品种及土壤肥沃的地方。但是成形慢,需3～4年。

技术要点:第1年冬季修剪在主干1.5～1.8 m处选留第一层2～3个主枝,主枝截留40～50 cm,中心干截留50～60 cm,其余枝条全部疏除。第二年冬季修剪继续选留第一层主枝和第二层2个主枝。第三年冬季修剪完成第三层和第四层主枝。若完不成待第四年冬季继续培养。夏季修剪时将主枝以下枝条全部疏除,主枝长60～70 cm时摘心。

3.自然圆头形

该树形接近自然形,是顺应皂荚树的自然生长习性人为稍加修剪调整的一种树形,没有明显的中心干。主干高1.3～1.5 m,在主干上着生5～6个主枝,除最上一个主枝向上延伸外,其余几个主枝均向外围插空伸展,主枝基部与主干成60°～70°。各主枝上分两侧选留2～3侧枝,侧枝间距45～50 cm。该整修容易,修剪量小,树冠形成快,丰产早,一般2～3年即可成形(见图4-6)。但后期树冠容易郁闭。主要适应直立性强的品种和密植、小冠形栽培。

技术要点:定植后距地面40~60 cm定干,第1年冬季修剪时,选留4~5个错落生长的主枝,主枝上每隔40~50 cm选留一个侧枝,侧枝在主枝两侧交错分布,侧枝的着生方向、部位要求不严,背上、背下、背侧均可,只要互不干扰,不影响主枝生长即可。

4. 主干形

主干高1~1.2 m,冠幅1.2 m左右。有明显的中心干,中心干上面直接生一级分枝,15~20 cm一个,一般20~25个,分枝角度60°~70°(见图4-6)。该树形整形容易,成型快,前期产刺量大。适应干性强的品种和立地条件好、密度大的园。但后期中心干容易衰弱,要加强中心干的培养管理。

技术要点:定植后距地面40~60 cm定干,第1年冬季修剪时,选留生长旺盛的枝条不短截,作为中心干,在中心干距地面1~1.2 m处开始每隔15~20 cm选留一个分枝,分枝在主干上错落分布,不短截,2~3年后可于1~1.2 m的二级分枝处回缩。部位、方向要求不严,只要互不干扰、影响即可。其余一年生枝条疏除采刺。连续2~3年即可成形。

4.2.3 修剪

4.2.3.1 修剪的时期

皂荚修剪一般在落叶后,结合棘刺的采收进行。落叶后修剪,其作用不仅有利于枝条生长、迅速形成花芽、提高结果数量和果实质量,还有利于克服大小年。皂荚落叶后,树体处于休眠状态,储藏各种丰富养分,而且多集于根部和树体内,冬剪后,春季萌芽时,集中利用储藏营养物质,新梢和叶片很快成为生长中心,其他器官竞争性弱,所以冬剪越重,储藏的养分供应越集中,越能促进新梢旺长。同时因根系活动较早,根系尖端所产生的激素类物质也供应较早而集中,剪口附近芽处于顶端优势。因此,枝梢生长极性明显,剪口芽宜长出新梢。

4.2.3.2 修剪的方法

皂角树修剪的基本方法有短截、疏枝、回缩、缓放、除萌、摘心、环刻、目伤等。修剪一株皂荚树要多种方法(截、疏、缩、放、摘、伤等)综合应用。每种修剪方法虽然有其特有的修剪反应,但是修剪量的大小和轻重能影响各种修剪方法的特有反应。因此,在修剪中一定要注意不同修剪方法的综合利用。

1. 短截

皂荚树短截也和修剪别的果树一样,是剪去1年生枝的一部分。因短截的轻重程度不同,又可分为轻短截、中短截、重短截和极重短截等。适度短截对枝条有局部刺激作用,可以促进剪口芽萌发,达到分枝、延长、更新、控制(或矮壮)等目的;但短截后总的枝叶量减少,有延缓母枝加粗的抑制作用。

轻短截:是对长势较强的1年生枝,剪去1/4左右。使枝条的长势有所缓和,促生较多的中短枝,以利培养各类枝组。有利于形成花芽,修剪量小,树体损伤小,对生长和分枝的刺激作用也小。

中短截:是剪去1年生枝的1/3~1/2。剪口选留饱满芽,促生中、长枝,多用于培养树体骨架和剪留主、侧枝。

重短截:多在春梢中下部半饱满芽处剪截,是对较弱的1年生枝,剪去1/2以上,促生长枝,使树体长势由弱变强,多用于主、侧枝和结果枝组的更新修剪。

极重短截:是在枝条基部只留2~3个弱芽进行短截,促生中、短枝,用于培养中、小型结果枝组。有降低枝位、削弱枝势的作用。

不同的皂荚品种,对短截的反应差异较大,实际应用中应考虑品种特性和具体的修剪反应,掌握规律、灵活运用。

2. 疏枝

将枝条从基部剪去叫疏枝。适当疏除过密枝条或着生位置不当的枝条,可以改善通风透光条件,节省营养消耗,利于花芽分化。但疏枝数量,特别是疏除多年生大枝的数量,一次不能过多,以防引起徒长而影响当年产量。

3. 回缩

对多年生枝短截到分枝的剪法叫回缩修剪。回缩的作用有两个方面,一是复壮作用,二是抑制作用。

4. 缓放

缓放是对1年生枝不进行任何修剪,任其自然生长。缓放可以缓和树体长势,利于花芽分化。直立枝缓放时,必须先将其拇平或从基部扭伤,否则效果不好。缓放的枝条,成花结果后,必须及时清理,或短截,或回缩,以防树形紊乱。

5. 摘心

摘心是在新梢旺盛生长期，摘除新梢嫩尖部分。摘心可以削除顶端优势，促进其他枝梢的生长；经控制，还能使摘心的梢发生副梢，副梢可以生长更大、更好的棘刺，同时以削弱枝梢的生长势，增加中、短枝数量，提早形成花芽。

6. 环刻

环刻是在皂荚树主干或主枝上造一定的伤口，截留储藏营养，利于棘刺生长。在枝干上横切一圈，深达木质部，将皮层割断。若连刻两圈，并去掉两个刀口间的一圈树皮，称为环剥。若只在芽的上方刻一刀，称为刻芽或刻伤。在主干上每隔一段造些伤口，深达木质部，为目伤。这些措施有阻碍营养物质和生长调节物质运输的作用，有利于刀口以上部位的营养积累、抑制生长、促进花芽分化、提高坐果率、刺激刀口以下刺芽的萌发。

7. 除萌

在春季萌芽后，抹除着生位置不当的芽、双芽中的弱芽及新梢，减少无效枝，节省营养。

皂荚树的修剪方法是多种多样的，在实际应用时，要综合考虑，要多种方法互相配合。

4.3　抚育管理

4.3.1　土壤管理

4.3.1.1　中耕

覆盖和生草：提倡皂荚园内用作物秸秆或杂草覆盖，提高土壤有机质含量。行间种植豆科绿肥有利于培肥土壤。

深翻：春季在树萌芽前结合施肥进行一次春耕，深15～20 cm。8～9月在新梢停止生长时结合秋季施肥进行深耕，深耕20～30 cm。深耕施肥后及时灌水。

清耕：在皂荚行和株间进行3～4次中耕除草，经常保持土壤疏松和无杂草状态,园内清洁,病虫害少。

4.3.1.2　除草

化学除草是用化学药剂代替人工或机械除草的一项新技术。它在农林业生产中应用较广泛,它可以节省劳动力,降低成本,提高劳动效率。

1. 化学除草剂的种类

1) 按作用方式分类

(1) 选择性除草剂。此类除草剂可以杀死杂草,但对苗木无伤害。如除草醚、西玛津、阿特拉津、扑草净、茅草枯等,适合在培育特定的苗木种类时使用。

(2) 灭生性除草剂。此类除草剂既可以杀死杂草,又可以杀死苗木。如五氯酚钠、敌草隆等。适用于休闲地、粪场、水渠外沿等非栽植苗木场所。

2) 按使用方法分类

(1) 触杀型除草剂。除草剂药剂在接触杂草的部位发生作用,如喷到叶片,叶枯死,一般很少吸到体内。如除草醚、五氯酚钠,在使用时常用于喷洒。

(2) 内吸型除草剂。除草剂药剂被杂草吸收后,在杂草体内传导,然后使整个杂草枯死,如由根部吸收后传导到根、茎、叶。这一类除草剂有西玛津、敌草隆等,对深根性多年生杂草杀伤力很强,能起到杀草除根的效果。

2. 苗圃常用的几种除草剂

除草醚:纯品为深褐色固体,不溶于水,溶于丙酮、二甲苯等有机溶剂中。易被土壤吸附。对人畜低毒,对鱼、虾类中等毒性。出售的有可湿性粉剂与粉剂。有特殊气味,在一般情况下可储藏 2 年左右。除草醚属于选择性触杀型。

西玛津:纯品为白色结晶,在水中不易溶解,在酸性溶液中加热才能溶解。不易燃、不爆炸,无腐蚀性。对人畜低毒,无刺激性,药效期在 90 天以上。出售的有可湿性粉剂。西玛津属于根部内吸型。

阿特拉津(莠去津):纯品为白色晶体,能在温水中溶解,在一般情况下不燃烧、不腐蚀、不爆炸,贮放多年药效仍较稳定,对人畜低毒,土壤施用药效期半年,易被土壤微生物分解。出售的商品有可湿性粉剂、颗粒剂。阿特拉津属于根部内吸型选择性除草剂,它的作用、用法及用量与西玛津基本相同,残效期略短,除草作用略大于西玛津。

茅草枯:工业制品为白色或黄白色粉末,容易受潮,易溶解于水,特别在温水中。配好后存放不能过久,应随用随配,不宜用铁容器配。茅草枯为内吸性除草剂。茅草枯由杂草根部吸收后,可先毒死根,然后再使整个杂草枯死。在使用浓度小时,对某些树木影响不大,若高浓度则可影响苗木。

五氯酚钠:淡红色或灰白色粉末,受潮成块状或条状,具有强烈的刺激味,容易溶解于水,在碱性溶液中和阳光下易分解、失效。存放时应放在干燥、黑暗的地方,对人畜中等毒性,药剂触及人皮肤有灼伤作用,对鱼、虾、蛙等毒性大。五氯酚钠为灭生、毒杀范围广的短效性除草剂,一般在苗圃的休闲地、水渠边沿、道路边等非育苗用地使用,在苗床上禁止使用。药剂有效期为5~15天。用药量按有效含量计算,每亩为0.6~1.3 kg。

其他除草剂,如敌稗,杀草范围广,对针、阔叶树有严重药害,属于触杀性;如敌草隆、杀草丹、草甘膦是属于内吸性的除草剂;2,4-D钠盐,与西玛津、阿特拉津混用,是较好的灭生性除草剂;百草枯、灭草灵是属于内吸性与触杀性兼有的除草剂。

这些除草剂未在苗床上试验或确认对苗木表现出选择性前,禁止在苗圃区使用。

3.除草剂的使用要点

使用除草剂的目的是除草、保苗和提高工效。因此,在使用时,要注意苗木生长情况、杂草情况,并在此基础上确定药类型、剂量和使用方法。否则起不到除草效果,反而影响苗木生长。

1) 除草剂的使用量

除草剂和其他农药不同,一般来说,它对溶液的浓度没有严格要求,只需求单位面积的使用量,将药剂均匀地施在规定的面积上即可。它的用量也不是固定的,同一种药剂在不同地区是不同的。气温高时,药效快,杀草效果好,因此可适当降低药剂的施用量。在雨水少的季节,则应选容易溶水的除草剂或适当减少用量。在黏性小、沙性重或土壤较贫瘠的土壤,除草剂的用量应比黏性较重和肥沃土壤适当少些。因此在山区,由于气温较低,雨水较少,土壤贫瘠,在使用时可适当减少用量。

另外,除草剂除颗粒型的可以直接应用外,其他除草剂,在应用时要兑成药水的粉剂或乳剂。在使用前根据说明书，了解有效含量，根据有效含量确定使用量。

2）除草剂的施药方法

除草剂的施药方法主要有以下 2 种：

（1）喷雾法。用喷雾机械在一定压力下，将喷出的小雾点状的药液均匀地喷在杂草的表面上。适合喷雾的除草剂型有可湿性粉剂、乳油及水剂等。喷雾前应准备配药容器，如水缸、水桶、过滤纱布、搅拌用具等。然后按单位面积施药量和应加水的比例进行配制。为了配制药量准确，应当事先称好药量，并包好，每配 1 次放 1 包。水量力求准确，可用固定水桶，在桶上划定量水线，每次按定量取水，配时把称好的药倒在纱布上包起来，在水中溶解完全后，将纱布中的残渣除去，加入所需水量配成药液。也可将定量的药剂溶于少量的水中，进行充分搅拌，再加入定量水搅匀即为药液。水量一般以 20 ~ 30 kg/亩为宜。喷雾要均匀，药水要现配现用，不宜久存，以免失效。

（2）毒土法。是用药剂与细土混合而成的。细土先用筛子筛好，既不干，也不湿，以用手能捏成团，手张开土团即能自动散开为宜。土量以能撒施均匀为准，一般 30 ~ 40 kg/亩。药剂如是粉剂，可以直接拌土，乳油则先用水稀释，用喷雾器喷在细土上拌匀。撒施毒土与撒化肥一样，但它更要求撒施均匀一致。

4. 施药时注意事项

（1）喷雾应选择无风或风较小的晴天，在早晨叶面的露水干后、傍晚露水出现以前进行。

（2）施药要均匀周到，严格防止漏施或重施。

（3）喷药的方向应顺风，背风喷药，要退步移动。

（4）最好在一定的面积内刚好喷完一定量的药液，如果药液没有喷完，应把剩下的药液再加入一些水，均匀喷开，不要集中一个地方喷，防止药害。

（5）在喷药后半天内如遇大雨，应考虑补喷 1 次。

5. 除草剂的混用

在生产管理中，为了降低用药量、扩大杀草范围和增加药效与安全，通常把两种或两种以上的除草剂混合使用。另外，为节省人力、物力，还可与杀菌剂、杀虫剂、增温剂或与肥料混合使用,做到1次喷药。但是在混合时要注重几个问题:遇到碱性物质分解失效的药剂,不能与碱性物质混用。如五氯酚钠与碳酸氢铵不能混用。混合后产生化学反应引起苗木药害的药剂,不能相互混用。那么,在生产中混用的一般原则是取长补短,混合的原则如下:

(1) 残效期长的与残效期短的结合。

(2) 在土壤中移动性大的与移动性小的混用。

(3) 内吸性与触杀性结合。

(4) 药效快与药效慢结合。

(5) 对双子叶杂草杀伤力强的与对单子叶杂草杀伤力强的结合。

(6) 除草与杀菌、杀虫、施肥等结合。

除草剂混用的药量,一般来说两种除草剂混用药量,是它们各自单用药量的1/2,3种混用是独自单用的1/3,但这不是绝对的,混用时必须依照杀草对象、苗木情况、药剂特点及环境条件等灵活掌握。

4.3.2 施肥

4.3.2.1 施肥原则

一是按照NY/T 394规定执行,所施用的肥料不应对园地环境和棘刺品质产生不良影响,应为农业行政主管部门登记的肥料或免于登记的肥料,限制施用含氯化肥。根据皂荚的需肥规律进行平衡配方施肥。二是肥料以有机肥为主、化肥为辅,提高土壤肥力,增加土壤生物活性。

4.3.2.2 肥料种类

允许使用的肥料种类为有机肥、化肥、微生物肥、叶面肥。

有机肥:包括腐熟的人粪堆肥、厩肥、沼气肥、饼肥、腐殖酸类肥、作物秸秆肥、绿肥等。

化肥:包括氮肥、磷肥、钾肥、钙肥、镁肥、硫肥和复合(混)肥等。

微生物肥:包括微生物制剂和微生物处理肥料等。

叶面肥:包括大量元素类、微量元素类、氨基酸类、腐殖酸类肥料等。

限制施用的肥料:限量使用氮肥。限制使用含氯复合肥(氯化钾、氯化铵等)、未经无害化处理的城市垃圾或含有金属、橡胶和有害物质的垃圾及未腐熟的人粪尿。

4.3.2.3 施肥时期和方法

皂荚一年需要3~4次施肥。一般于初冬棘刺采收后施基肥，以有机肥为主，并与磷钾肥混合施用，采用深40~60 cm的沟（穴）施方法。萌芽期及新梢生长期追肥以氮肥为主，棘刺转色期追肥以磷肥、钾肥为主。微量元素缺乏地区，依据缺素的症状增加追肥的种类或根外追肥。

1. 基肥

初冬棘刺采收后施入，以有机肥为主，并与磷肥、钾肥混合，宜采用以沟施为主，结合穴施及撒施。沟施应开挖深40~60 cm、宽30~40 cm的施肥沟，施入肥料和土掺匀。1~3年幼树每株施农家肥15~25 kg、磷钾复合肥0.15~0.25 kg。4年以上树每株施农家肥30~50 kg、磷钾复合肥0.25~0.75 kg。

2. 叶面喷肥

全年2~3次，一般生长前期以氮肥为主，后期以磷肥、钾肥为主，结合皂荚新梢及棘刺生长发育期所需的微量元素。常用肥料浓度为：0.1~0.3%硼砂、0.3~0.5%尿素、0.2~0.3%磷酸二氢钾，氨基酸类叶面肥600~800倍液。

3. 追肥

萌芽期至新梢生长期要以氮肥、磷肥为主，棘刺转色期要以磷肥、钾肥为主。追肥宜采用根际条施、穴施，肥料和土壤掺匀后覆土。1~3年幼树每株每次施氮肥0.2~0.3 kg、磷钾复合肥0.15~0.25 kg。4年以上树每株每次施氮肥0.25~0.75 kg、磷钾复合肥0.3~0.75 kg。

在整地回填土时每穴施有机肥25~50 kg，与表土混匀后填入穴底部做基肥，有利于根系直接吸收，改善土壤结构、理化性质等。但是，随着皂荚树的不断生长，需要持续追肥，以满足正常营养生长和生殖生长需要的养分。追肥方法主要有以下几种：

（1）环状施肥。在树冠投影的外缘地上，挖一条宽30~50 cm、深30~40 cm的环状沟，将肥料均匀撒入沟内（见图4-7(a)）。农家肥和厩肥可以埋深，复合肥和氮肥、磷肥、钾肥、微肥要浅埋，最好能结合灌溉或降雨进行，效果最好。此法适宜丰产前、培养树形的幼树。大树施基肥也可使用。

(2) 穴状施肥。以树干为中心,在距离树冠半径1/2处的圆环上,挖若干个穴,分布要均匀,将肥料施入穴内,埋好踏实,穴大小根据施肥量确定(见图4-7(b))。此法适宜大树或者立地条件差、生境破碎的皂荚林。

(3) 放射沟状施肥。以树冠投影边缘为准,从不同方向向树干基部挖4～8条放射状沟,通常沟长1 m左右,沟宽30～50 cm,由外向内逐渐缩窄,深度根据施肥种类及数量确定,一般20～30 cm,由内向外逐渐加深(见图4-7(c))。施肥沟的位置要每年变换,并随着树冠的扩大而外移。一般树冠较大的树适宜此法。

(4) 条状沟施肥。在皂荚树的行间或株间,分别在树冠相对的两侧,沿树冠投影的边缘挖两条相对平行的沟,从树冠外缘向内挖,沟宽40～50 cm,长度视树冠大小而定(见图4-7(d))。郁闭度较高的皂荚林,一般可以使用机械将条状沟做成连续的施肥沟,既简单又省工,效果还好。

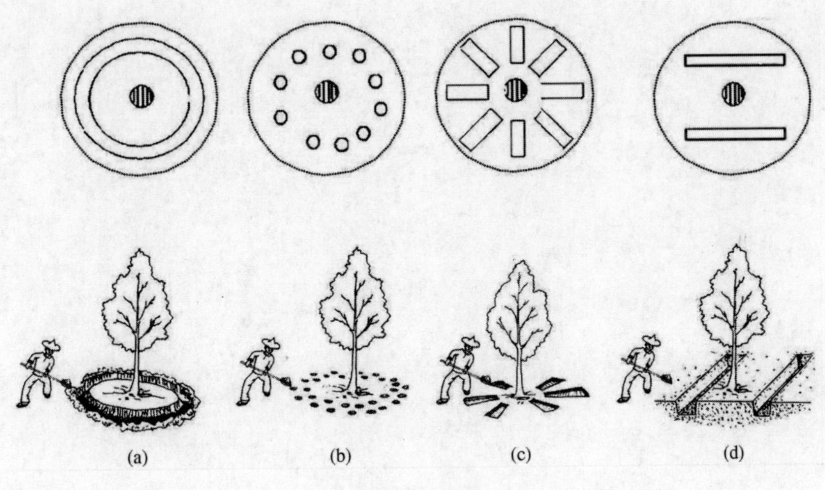

图4-7　施肥

(5) 表面撒肥。郁闭度高的皂荚林下,均匀地将肥料撒在园地表面上,然后浅翻,将肥料和表土混合,便于根系吸收。此法简单易行,同时结合中耕,可以一举双得,省工省钱,是大树常用的方法。缺点是施肥量大,有些浪费,施肥较浅,会把大树小根引向表层生长。

4.3.3 水分管理

一般情况下,皂荚的抗旱能力比较强,但干旱地区和有灌溉条件的地区要根据情况一年灌水2~3次,才能保证树体正常生长。年周期内,自萌芽到5月中旬,正值萌芽、新梢及棘刺生长时期,树体对养分、水分的需求迫切,因此这一时期灌水非常必要。棘刺采收后,灌水有利于营养储藏和提高刺芽质量,增强树体越冬抗寒能力,可结合施基肥灌一次水。

依据降水(气候条件)、树龄和产量,在萌芽期至新梢生长期和入冬前均需要充足的水分供应,要采取灌溉措施,保证水分的需求。同时,皂荚较耐旱,忌积水,怕水淹,如果积水时间长,也会造成皂荚树死亡。在河南省信阳、南阳降雨量大,雨季容易积水,需要及时排水;在地势低洼不平的园地,要挖排水沟排除积水。

第 5 章　病虫害防治

5.1　防治原则

贯彻“预防为主,综合防治”的方针。

(1)病虫害防治技术要坚持“无公害”的原则,按照无公害的标准要求,采取天敌利用与自然防治、农业技术和物理方法、化学与生物防治等综合防治方法,控制皂荚病虫害,使农药残留、重金属检测检不出或低于 FAO/WHO 或国家标准。即尽可能应用农业、生物、物理的非化学防治方法或无公害农药,不用和尽量少用化学农药。避免和减少对环境和产品的污染。能不用化学农药,绝对不用,一次用药能控制者,绝对不用二次。

(2)从病虫害经济学的观点出发,充分考虑到树体本身的自我调节能力和自我补偿能力。如只有少量病虫发生,危害很轻,由于植物本身可以进行自我调节和补偿,对产量本身并无大的影响,则可不必用药控制,以将病虫害压低到经济阈值以下或不足为害的程度为宜,并非“彻底消灭”。

(3)从生态学的观点出发,病虫害和天敌之间相互制约,病虫害是天敌的饲料来源,田间有少量病虫群存在,可使天敌得以生存和繁衍,从而又可控制病虫害在一个低的水平上,不足以为害。我们采取的措施要有利于保持这个良性循环,即维护生态平衡。

(4)从整体出发,使措施“一箭双雕,一药多用”,省时省工,经济有效。

(5)综合防治措施。

①加强检疫。严格执行国家规定的植物检疫制度,防止检疫性病害蔓延传播。

②保护和利用天敌。以有益生物控制有害生物,扩大以虫治虫、以菌治虫的应用范围,维持生态平衡。

③结合病情、虫情预报,提前预防。萌芽前用药:3 月下旬至 4 月上旬全

园喷一次50%硫悬浮剂250倍液,防治树上残留的越冬病菌和害虫。生长期用药:5月末至6月上旬喷一次高脂膜100~200倍液和Bt乳剂100倍液;6月下旬喷一次硫悬浮剂600倍液、高脂膜100倍液和21%菊马乳油2 000倍液(或桃小快杀乳油1 500倍液)。7月中旬喷一次Bt乳剂100倍液和农抗120农药800倍液(80%代森锰锌可湿性粉剂1 000倍液)。7月末至8月上旬喷一次西维因1 000倍液、桃小快杀乳油1 500倍液和农抗120的600倍液。9月中旬喷一次80%代森锌可湿性粉剂1 000倍液和桃小快杀乳油1 500倍液。

④物理防治。用黑光灯诱杀害虫。

⑤剪除病虫枝及枯枝等,减少和改善病虫害滋生的环境。从伤折处附近锯平或剪去已枯死的枝条。如果是轻伤枝、受冻害和风害的枝条宜在死活界限分明处切除,切口要光滑,将伤口整理后,及时涂刷保护剂或接蜡,以便于愈合,萌发新梢。刮除大枝干出现的伤口或腐烂病等,发病初期,应及时用快刀刮除病部的树皮,深至木质部,最好刮到健康部位,刺激伤口早日愈合,刮后用毛刷均匀涂刷酒精或高锰酸钾液。也可涂刷碘酒杀菌消毒,然后涂蜡或涂保护剂,用毛刷蘸着涂抹伤口。捆扎绑吊被大风吹裂或折伤较轻的枝干,可把半劈裂枝条吊起或顶起,恢复原状。清理伤口杂物,用绳或铁丝捆紧或用木板套住捆扎,使裂口密合无缝,外面用塑料薄膜包严,半年后可解绑。

⑥及时处理苗木受伤伤口。苗木在抚育管理和移栽过程中,磕磕碰碰是难免的,遇到受伤情况还是比较多的,对于受伤苗木的伤口需要及时处理。如果不及时处理,可能感染病菌。

5.2 防治策略

"一重、二推、三严格"。即以生物防治、物理防治为重点;推广抗性品种和推广农业防治技术;严格掌握病虫害防治指标,严格掌握农药使用量,严格掌握农药安全隔离期。

"抓住重点,兼治一般"。危害较重或防治难度较大的有猝倒病、炭疽病、褐斑病、枝枯病、蚧壳虫,应作为重点防治对象和综合防治措施的主要依据,在防治重点对象的同时兼治其他病虫。

“发挥农业措施的作用”。加强田间管理,增施有机肥,增强树势,提高树体自身抗病虫能力。

“巧妙选择药剂”。密切注意病虫害发生、发展趋势,争取不用一次化学合成有毒农药,依无公害的要求选择药剂。

禁止使用剧毒、高毒、高残留、有“三致”(致畸、致癌、致突变)作用和无“三证”(农药登记证、生产许可证、生产批号)的农药。选择生物源、植物质及高效低毒低残留农药,既达到防治效果又起到保护环境、减少产品污染。

50%硫悬浮剂:是一种无公害杀菌、杀螨剂,该药对57种作物139种害虫有不同程度的防治效果。在皂荚上使用主要针对病害及蚧壳虫初孵幼虫。

Bt乳剂:即苏云金杆菌制剂,是一种生物农药,主要防治蛀干类和食叶类害虫等。

25%桃小快杀乳油:高效低毒低残留,菊酯类农药,具有触杀、胃毒、熏蒸作用,渗透力强,杀卵效果达95%以上,主要防治蚜虫和蚧壳虫类害虫。

25%西维因粉剂:是氨基甲酸酯类杀虫剂,作用机制是抑制昆虫体内乙酰胆碱分解,是一种无公害农药。

21%菊马乳油:是菊酯类复制剂,具有高效、广普的特点,拒食、杀卵、杀蛹作用较强。

高脂膜:是一种新型保护性植物防病增产剂,对人、畜及植物无毒。喷洒到植物上形成多分子层遇水后分散成单分子层,以保护植物,防止病菌侵染,实际是一种物理防治措施。它具有提高树体抗旱能力、改善棘刺质量、保花保果、增产增收的作用。在皂荚上使用,真可谓“一箭多雕”。

农抗120:又叫抗霉菌120,是中国农业科学院生物防治研究室研制成功的一种新农用抗生素。对多种病原菌有强烈的抑制作用。杀菌原理是阻碍病原菌的蛋白质合成,导致病菌死亡。对作物兼有保护和治疗双重作用,主要防治叶斑病等真菌病害。

70%代森锰锌:是一种优良的保护性杀菌剂,属低毒农药。由于其杀菌范围广、不易产生抗性,可有效控制病害发生,质量稳定、可靠。主要防治多种由真菌性感染引起的,危害嫩叶、嫩枝、幼果的病害。

5.3 病虫害种类及防治方法

危害皂荚的病虫害种类主要有:

(1)病害:主要有炭疽病、立枯病、褐斑病、煤污病、白粉病、叶斑病、枝枯病、根烂病等。

(2)虫害:主要有蚜虫、蚧壳虫、天牛、凤蝶、皂荚豆象等。

5.3.1 病害及防治

5.3.1.1 猝倒病

1.分布与危害

猝倒病,又称幼苗立枯病,是一种全国性的严重病害,主要危害杉木属、松属和落叶松属等针叶树的幼苗。在针叶树种中,除柏类幼苗比较抗病外,其他都是易感病的。此外,也危害皂荚、刺槐、臭椿、梧桐、榆树、银杏、桑树、苹果等多种阔叶树的幼苗,还危害许多农作物和蔬菜等。该病害多在4~6月发生,主要发生在一年生以下的幼苗上,特别是出土一个月以内的幼苗受害最重。

2.症状

猝倒病多在4~6月发生,因发病时期不同,可出现以下四种症状类型:

(1) 种芽腐烂型:播种后,出苗前,由于土壤潮湿板结,种芽在土壤中被病害侵染,引起种芽腐烂,地面表现缺苗断垄现象。这种类型常发生在覆土过厚、黏土地或低温高湿的苗床上,也称种腐或芽腐。

(2) 茎叶腐烂型:幼苗出土后,若苗木密集、湿度过大或撤除覆盖物过迟,则病菌侵染幼苗茎叶,使幼苗茎叶黏结而腐烂,也称烂叶或首腐。

(3) 幼苗猝倒型:幼苗出土后,扎根时期,由于苗木幼嫩,嫩茎还未木质化,病菌从根茎处侵入,产生褐色斑点,病斑逐渐扩大,呈水渍状腐烂,病苗迅速倒伏,引起典型的幼苗猝倒症状,此时苗木嫩叶仍呈绿色,病部仍可向外扩展,是危害较严重的一种类型。猝倒型症状多发生在幼苗出土后的1个月内。也称萎倒或颈腐。

(4) 苗木立枯型:幼苗出土2个月或苗木茎部木质化后,病菌难以从根茎侵入,若土壤中病菌较多或环境条件适宜,病菌可侵入根部,引起根部皮层变色腐烂,但苗木枯死而不倒伏,故称苗木立枯病。

3. 病原

猝倒病的病原可由以下三种真菌引起:

(1) 丝核菌(Rhizoctonia solani Kuhn)。属半知菌亚门,无孢菌目,丝核菌属。

(2) 镰刀菌(Fusarium solani Mart App. et Woll)。属半知菌亚门,丛梗孢目,镰孢属。

(3) 腐霉菌(Pythium aphanidermatum (Eds.) Fitz)。属藻菌纲,霜霉目,腐菌属。

4. 发病规律

猝倒病主要发生在一年生以下的幼苗上,特别是出土一个月以内的幼苗受害最重。在苗木生长纤弱和环境适宜时,一次病程只需3~6 h。在幼苗时期,可连续多次发病,而每次发病留下的死苗又是病菌的营养物质,借以繁殖,造成流行。猝倒病的发生与流行条件有以下几个方面:

(1) 前作感病:苗圃地前作物若是茄科等感病植物或发病的针叶树苗,土壤中病株残体多,积累也多,病菌繁殖快,苗木感病概率高。

(2) 雨天操作:在雨天进行整地、做畦或播种,常因湿度过大,造成土壤板结,不利于种子发芽和出土,种芽易被病菌侵染而发病。

(3) 圃地粗糙:土块太大、土壤黏重、苗床不平、圃地积水,均有利于病菌繁殖,致使幼苗生长纤弱,抗病能力差,容易发病。

(4) 肥料未腐熟:施用未腐熟的有机肥料,常带有大量病株残体,导致病菌侵染苗木。

(5) 播种不及时:如果播种过迟,幼苗出土较晚,出土后又遇到多雨季节,湿度大,病菌繁殖快,此时幼苗未木质化,抗病性差,容易发病。如播种过早,常因气温偏低,延长幼苗出土时间,易使种芽腐烂。

此外,若种子质量差、发芽势弱、幼苗出土不齐或揭除覆盖物过迟使幼苗生长弱,也容易发病。

5. 防治措施

(1) 选好圃地:育苗地要选择土层肥厚、地势平坦、排水良好、前作不是发病植物的沙壤土。

（2）细致整地：整地要在土壤干爽和天气晴朗时进行，应深耕细整，结合整地进行土壤消毒，每亩撒40～50 kg生石灰，对抑制土壤中的病菌和促进植物残体的腐烂起一定的作用。

（3）合理施肥：以有机肥料为主，化学肥料为辅，有机肥料要经过发酵腐熟后才能使用。施肥方式以基肥为主，追肥为辅。

（4）适时播种：根据种子发育所需的温度，适时播种。育苗所用的种子一定要选择优良品种，育苗时种子要经过浸种催芽和肥料、农药拌种。

（5）加强苗圃管理：播种后要及时盖草、揭草，施肥浇水，中耕除草，病虫害防治，保证苗木生长健壮，提高苗木的抗病性能。

（6）药剂防治：五氯硝基苯对丝核菌有较强的杀伤效果，如和其他杀菌剂混合使用，如代森锌、敌克松等，其防治效果更好。混合比例为五氯硝基苯占75%，其他药剂约占25%，每平方米用4～6 g，与细土混匀即成药土，播种前将药土撒于播种行内，播种后用药土覆盖种子，也可用50%福美双可湿性粉剂250 g拌种5 000 g进行种子处理。

在发病初期喷洒1∶1∶200倍的波尔多液，每隔10～15天喷一次，也可用40%五氯硝基苯粉剂800倍液喷雾防治。

5.3.1.2　炭疽病

1. 分布与危害

河南省各地均有发生。

2. 症状

叶片、叶柄、嫩茎均受害，实生苗长出1～2对真叶时开始发病，叶片受害后有点状退绿现象，后逐渐扩大呈褐色圆形病斑。叶片皱缩、畸形。茎和叶柄上的病斑呈椭圆形凹陷状，在潮湿的气候条件下，病斑内长出许多小黑点即病菌分生孢子盘，突破表皮散出粉红色胶状孢子堆。严重时病斑连片，造成大量落叶，茎部干缩枯死。

3. 病原

该病病原菌为胶孢炭疽菌，病菌可以侵染寄主地上部分的任何器官。病斑能无限扩展，常引起叶枯、梢枯、芽枯、花腐、果腐和枝干溃疡等病害。该病病原菌可危害杉木、铅笔柏、泡桐、杨树、香樟、刺槐等多种用材树木，还可以危害多种经济林树种。

4. 发病规律

病菌以菌丝在病组织内越冬。分生孢子由风雨传播。在自然条件下有潜伏侵染现象，即秋季侵染，至翌年春才发病，一般4月初开始发病，4月下旬至5月上旬为盛期，6月以后停止。到秋季黄化的新梢，又有少量发病。浅山丘陵地区，由于土壤瘠薄，黏重板结，透水不良或低洼积水，因此根系发育不良，发生黄化现象后，最易感染炭疽病。

5. 防治措施

(1) 坚持适地适树的原则，提高整地标准和造林质量，加强抚育管理、施肥、压青，促使幼林健壮生长，增强其抗病能力。

(2) 加强栽培管理，合理密植，科学施肥灌水，增强树势，提高植株抵抗力，苗圃地避免重茬，冬季彻底清除和烧毁病苗及病枝叶，深翻土地，育苗前还要进行土壤消毒，减少初次侵染源。

(3) 最好采用温床塑料薄膜育苗和小苗移栽，可减少此病发生。

(4) 5～6月发生期喷洒1∶2∶(150～200)倍波尔多液或65%代森锰锌500倍液或50%退菌特800倍液2～3次即可。

5.3.1.3　白粉病

1. 分布与危害

白粉病危害皂荚的苗木和幼树。河南各地发生普遍，但发病期多在秋季，影响光合作用。

2. 症状

白粉病是一种真菌性病害，主要危害叶片，并且嫩叶比老叶容易被感染；该病也危害枝条、嫩梢、花芽及花蕾。发病初期，叶片上出现白色小粉斑，扩大后呈圆形或不规则形褪色斑块，上面覆盖一层白色粉状霉层，后期白粉状霉层会变为灰色。花受害后，表面被覆白粉层。受白粉病侵害的植株会变得矮小，嫩叶扭曲、畸形、枯萎，叶片不开展、变小，严重时整个植株都会死亡。

3. 病原

病菌在河南省平原地区不能越夏，但子囊孢子或分生孢子可在海拔500

m以上的地区为害,秋后通过气流传到平原上引起发病(此病不同林木的病原菌名称不同,故皂荚的病原菌不定)。

4. 发病规律

病菌以闭囊壳在病落叶中越冬,夏季开始发病,秋季最普遍,苗木和幼树过密时发病较重。

5. 防治措施

(1) 选择抗病品种,在购入苗木时要严格剔除染病株,杜绝病源。

(2) 进行扩繁时,要剪取无病虫插枝或根蘖作为无性繁殖材料。

(3) 苗木出圃时,要进行施药防治,严防带病苗木传入新区。

(4) 秋季收集苗圃和幼林内的落叶烧毁或堆积沤肥,可减少越冬菌源。改善苗木和幼林的密度,增强通风透光度。

(5) 病害盛发时,可喷15%粉锈宁1 000倍液、2%抗霉菌素水剂200倍液、10%多抗霉素1 000~1 500倍液。传统药物因反复使用使病菌产生抗体,效果锐减,故提倡交替使用。另外,也可用白酒(酒精含量35%)1 000倍液,每3~6天喷一次,连续喷3~6次,冲洗叶片到无白粉为止。

5.3.1.4 褐斑病

1. 分布与危害

河南省各地均有发生。危害叶片,严重时造成早期落叶,使植株衰弱。苗木感染严重时,常引起整株枯死。

2. 症状

褐斑病是一种真菌性病害,主要侵害叶片,并且通常是下部叶片开始发病,后逐渐向上部蔓延。发病初期病斑为大小不一的圆形或近圆形,少许呈不规则形;病斑为紫黑色至黑色,边缘颜色较淡。随后病斑颜色加深,呈现黑色或暗黑色,与健康部分分界明显。后期病斑中心颜色转淡,并着生灰黑色小霉点。发病严重时,病斑连接成片,整个叶片迅速变黄,并提前脱落。褐斑病一般初夏开始发生,秋季危害严重。在高温多雨,尤其是暴风雨频繁的年份或季节易暴发;通常下层叶片比上层叶片易感染。

3. 病原

发病初期在叶片表面出现黄褐色小点逐渐扩大,边缘颜色较深而整齐。

到后期病斑中心变为灰褐色,上生有黑点,即病菌的分生孢子器。病斑多数相连成片,9月常造成树叶焦枯而脱落。

4. 发病规律

病原以菌丝体或分生孢子器在枯叶或土壤里越冬,借助风雨传播,夏初开始发生,秋季危害严重,低洼潮湿、排水不良、田间郁闭、气候温度高、偏施氮肥、植株旺长、灌水不当等因素都极有利于病害的流行。

5. 防治措施

在高温高湿天气来临之前或期间,要少施或不施氮肥,保持一定量的磷肥、钾肥,避免串灌和漫灌,特别要避免傍晚灌水。在树木出现枯斑时,应在早晨尽早去掉吐水(或露水),有助于减轻病情。

(1) 加强综合管理,增强树势,提高抗病力。特别要重视改良土壤,增施肥料,改善通风透光条件。

(2) 春雨来临前,及时清除病枝叶,深埋或烧毁。

(3) 预防方案:在发病前,奥力克靓果安按800倍液稀释喷洒,15天用药一次,搭配速净,按500倍液稀释喷施,7天用药1次。

(4) 治疗方案:药剂防治可参考核桃褐斑病。用药种类除波尔多液、托布津外,50%退菌特800倍液对褐斑病也有良好防治效果。

5.3.1.5　煤污病

1. 分布与危害

煤污病又称煤烟病,在河南省各地均有发生,影响植物光合作用、降低观赏价值和经济价值,甚至引起死亡。

2. 症状

煤污病主要侵害叶片、枝条和棘刺。病害先是在叶片正面沿主脉产生,后逐渐覆盖整个叶面,严重时叶片表面、枝条甚至叶柄、棘刺上都会布满黑色煤粉状物。这些黑色粉状物会阻塞叶片气孔,妨碍正常的光合作用。

3. 病原

煤污病的病菌种类很多,由多种真菌危害引起。病菌以蚧壳虫、蚜虫、粉虱等昆虫的分泌物为营养来源,有时也能利用植物本身的分泌物。

4. 发病规律

煤污病病菌以菌丝体、分生孢子、子囊孢子在病部及病落叶上越冬，翌年孢子由风雨、昆虫等传播，寄生到蚜虫、蚧壳虫等昆虫的分泌物及排泄物上或植物自身分泌物上或寄生在寄主上发育。高温多湿，通风不良，蚜虫、蚧壳虫等分泌蜜露害虫发生多，均加重发病。

5. 防治措施

(1) 植株种植不要过密，适当修剪，温室要通风透光良好，以降低湿度，切忌环境湿闷。

(2) 植物休眠期喷 3 ~ 5 波美度的石硫合剂，消灭越冬病源。

(3) 该病发生与分泌蜜露的昆虫关系密切，喷药防治蚜虫、蚧壳虫等是减少发病的主要措施。适期喷用 40% 氧化乐果 1 000 倍液或 80% 敌敌畏 1 500 倍液。防治蚧壳虫还可用 10 ~ 20 倍松脂合剂、石油乳剂等。

(4) 对于寄生菌引起的煤污病，喷洒代森铵 500 ~ 800 倍液，灭菌丹 400 倍液。

5.3.1.6 枝枯病

1. 分布与危害

枝枯病在河南省各地均有发生和危害。多发生在 1 ~ 2 年生枝条上，可造成大量枝条枯死，影响林木发育和产量。近年来，在皂荚中发生较多。

2. 症状

枝枯病危害枝条及主干部，先侵害短枝，从顶端开始渐向下蔓延直至主干。被害枝条初呈暗灰褐色，后变为浅红褐色或深灰色，大枝病部下陷，病死枝干的孔皮上散生很多馒头状粒点，直径 0.8 ~ 2 mm，即病菌的分生孢子盘。受害枝上叶片逐渐变黄脱落，枝皮变成灰褐色，干燥开裂，病斑围绕枝一周，枝干枯死，甚至全树死亡。湿度大时，从分生孢子盘上涌出大量黑色短柱状分生孢子角，湿度再增高则形成长圆形、直径为 1 ~ 3 mm 的黑色孢子团块。

3. 病原

病原菌是半知菌亚门、腔孢纲、球壳隐目、球壳孢科、大茎点菌属和茎点菌属。

4. 发病规律

病原为弱寄生菌，以分生孢子盘或菌丝体在枝条、树干的病部越冬。翌年春条件适宜时产生的分生孢子借风雨、昆虫传播，从机械伤、日灼或冻伤的死皮上进行初次侵染，再向活组织扩展。发病后又产生孢子进行再次侵染。5～8月发病，主要危害生长衰弱的树和粗放管理或结果过量造成树势衰弱的枝条。健壮树受害轻。空气湿度大和雨多年份发病较重，冬季低温或干旱年份发病较轻，山坡地发病较重。此病的发生还与林木枝叶虫害及其他病害密切相关，龟蜡蚧壳虫和煤污病危害严重的林地，该病的发生严重。

5. 防治措施

(1) 加强栽培管理，增施肥水，增强树势，提高抗病力。

(2) 彻底清除病株、枯死枝，集中烧毁。

(3) 剪枝应在展叶后、落叶前进行，休眠期间不宜剪锯枝条，以免引起伤流而死枝死树。

(4) 冬季或早春树干涂白。涂白剂配法为：生石灰12.5 kg，食盐1.5 kg，植物油0.25 kg，硫黄粉0.5 kg，水50 kg。

(5) 主干发病，一般应于早春刮治病斑，亦可在生长季节发现病斑及时刮，刮后用3～5波美度石硫合剂或40%福美砷50～100倍液涂抹消毒。

(6) 选育抗病品种。

5.3.1.7　叶斑病

1. 症状

叶斑病系半知菌类真菌侵染所致。病菌首先侵染叶缘，随着病情的发展逐步向叶中部发展，病健部区分界明显，发病后期整个叶片枯萎而死亡。5月中下旬开始发病，7～8月为发病高峰期，高温高湿天气及密不通风利于病害传播。

2. 防治措施

使用农抗120或70%代森锰锌800倍液喷洒叶面。

5.3.1.8　叶枯病

1. 症状

在叶片的叶缘、叶尖发生。开始为淡褐色小点,后渐扩大为不规则的大型斑块,若几个病斑连接,全叶便干枯 1/3～1/2。病斑灰褐色至红褐色,有时脆裂,边缘色深,稍隆起,后期病部散生很多小黑点,病斑背面颜色较浅。夏季潮湿闷热、通风不良时,或植株生长衰弱时都会病重;病害在经冬后的老叶上发生较多,植株下部叶片发生较多。

2. 防治措施

使用 70% 代森锰锌 800 倍液喷洒叶面。

5.3.2　虫害及防治

5.3.2.1　蚧壳虫

蚧壳虫常危害植株的枝叶,群集于枝、叶上吸取养分。高温、高湿、通风透光不良的环境是蚧壳虫盛发的适宜条件。防治方法:注意改善通风透光条件;蚧壳虫自身的传播范围很小,做好检疫工作,不用带虫的材料是最有效的防治措施;如果已发生虫害,可用竹签刮除蚧壳虫,或剪去受害部分。危害期喷洒 25% 桃小快杀乳油 1 000 倍液或者敌敌畏 1 200 倍液。

5.3.2.2　凤蝶

凤蝶幼虫在 7～9 月咬食叶片和茎。防治方法:人工捕杀或用 90% 的敌百虫 500～800 倍液喷施。

5.3.2.3　蚜虫

蚜虫是一种体小而柔软的常见昆虫,常危害植株的顶梢、嫩叶,使植株生长不良。防治方法:可用水或肥皂水冲洗叶片,或摘除受害部分;消灭越冬虫源,清除附近杂草,进行彻底清田;蚜虫危害期喷洒 50% 硫悬浮剂 800 倍液或者敌敌畏 1 200 倍液。

5.3.2.4　天牛

受天牛害植株的输导组织会受到破坏,使植株生长不良,危害严重者甚至死亡。防治方法:人工扑杀成虫;树干涂白;用小棉团蘸敌敌畏乳油 100 倍液堵塞虫孔,毒杀幼虫。

5.3.2.5 皂荚豆象

皂荚豆象成虫体长5.5~7.5 mm,宽1.5~3.5 mm,赤褐色,每年发生1代,以幼虫形式在种子内越冬,来年4月中旬咬破种子钻出,等皂荚结荚后,产卵于荚果仁,幼虫孵化后,钻入种子内为害。防治方法:可用90 ℃热水浸泡20~30 s,或用药剂熏蒸,消灭种子内的幼虫。

5.3.2.6 皂荚食心虫

皂荚食心虫危害皂荚。以幼虫形式在果荚内或枝干皮缝内结茧越冬,每年发生3代,第1代4月上旬化蛹,5月初成虫开始羽化。第2代成虫发生在6月中下旬,第3代在7月中下旬。防治方法:秋后至翌年春3月前处理荚果,防止越冬幼虫化蛹成蛾,及时处理被害荚果,消灭幼虫。

5.3.2.7 注意事项

(1) 喷洒农药时,注意采取安全保护措施。

(2) 药剂配制剂量要准确,搅拌、喷洒要均匀,防治要及时。

(3) 除农抗120外,其他药剂要循环和交替使用。

(4) 喷施农药时可根据树体营养情况及时增施微量元素、尿素、磷酸二氢钾等,以提高树势,增强其抗逆性,确保产量和品质。

第6章　采收及储存

6.1　荚果采收与储存

6.1.1　采收

皂荚果实成熟期在10月,果实成熟后,颜色变成褐色或紫褐色,荚果上有白色粉末,长期宿存枝上不自然下落,但易遭虫蛀,应及时采摘。采收方法有人工采收和机械振动采收两种。人工采收可以用手采摘,也可用竹竿敲打震落或摇落,这是目前我国皂荚产区普遍采用的方法。敲打时应从上至下,从内向外顺枝进行,以免损伤枝芽,影响翌年产量。机械振动采收,应在采收前15~20天,先在树上喷施乙烯利水剂600~800 ppm进行催熟,然后用机械振动树干,将荚果震落。优点是省工、省时,缺点是会造成叶片大量早期脱落而削弱树势。

采集的果实在自然条件下经日晒使种子干燥,采用碾压或捶打等外力作用脱粒,再用筛子或吹风除去荚皮。

6.1.2　储存

将筛选后的种子装入布袋或木桶等容器中,并贴上标签,注明产地、采摘日期、数量等,放在低温、干燥、通风、阴凉的仓库内储藏,存放时地面垫10~15 cm枕木。为避免虫蛀,可用石灰粉、木炭屑等拌种,用量为种子质量的0.1%~0.3%。

6.2　皂刺采收与储存

6.2.1　采收时间

棘刺充分成熟,表现出品种固有的色泽,全树(全园)着色及成熟度基本一致，理化成分达到应有的标准时即可采收。一般早、中熟品种可在 10 月中下旬采收，晚熟品种在 11 月上旬落叶时采收。

6.2.2　采收方法

3～4 年生树采棘刺时，首先考虑树形的培养，留好骨干枝和枝组。一级骨干枝留 60～70 cm 短截，二级骨干枝留 40～50 cm 短截，其余枝条疏除。然后将主干、一二级骨干枝上棘刺与其余枝条上的棘刺用修枝剪分别采收，分别存放。剪棘刺时将棘刺从基部剪掉，注意不要带木质部，不要留刺撅。

5 年生以上树采棘刺时将主干、一二级骨干枝上棘刺与其余枝条上的棘刺用修枝剪分别采收，分别存放。剪棘刺时将棘刺从基部剪掉，注意不要带木质部，不要留刺撅。

6.2.3　分级储存

采收好的棘刺清除叶柄、枝条等杂质，按选货、通货进行分级包装。皂荚棘刺共分选货、通货 2 个类型 4 个级别。

通货：所采收的棘刺清除杂质后混在一起。

选Ⅰ级：5 年生以上树及盛产期树主干和一二级分枝上棘刺，为上品棘刺。

选Ⅱ级：3～4 年生幼树主干及 5 年生以上树三级骨干枝上棘刺。

选Ⅲ级：1 年生枝条上的棘刺。其形态和骨干枝上棘刺有差别，往往被误作赝品药用皂荚棘刺。

包装：分级好的棘刺分别放在通风的地方阴干至含水量小于 18% 时，用五层瓦楞纸箱或编织袋(2 层)按标准质量装好，贴上标签，注明质量、级别、采收日期、生产单位。存放在通风良好的库房，存放时地面垫 10～15 cm 枕木。

6.2.4　采收前后注意事项

采收前 30 天禁用农药；采收前 20 天控制灌水。

第7章　皂荚在河南省的利用模式

按照河南省气候、地形地貌和植被的分布规律，结合其林业生态建设规划，将河南省规划成太行山山地丘陵区、伏牛山山地丘陵区、黄土丘陵区、大别桐柏山山地丘陵区、平原农业区、城市、村镇、生态廊道网络生态类型区，根据各区的特点和立地条件等具体情况，确定皂荚的利用模式。

7.1　河南省皂荚造林模式

在河南省，皂荚造林模式可根据具体情况营造纯林、混交林、林下经济植物等。

7.1.1　皂荚纯林

在立地条件较好、适合集约经营的地区建设皂荚纯林。

7.1.2　皂荚混交林

混交林分长期混交与短期混交两种类型。在组成混交林的树种中可以区分为主要树种（目的树种）、伴生树种和作物。在经济林栽培中营造混交林，首先必须明确混交目的，是采用长期混交还是短期混交，然后是对混交树种的选择。

短期混交是指经过一定时期之后，去掉伴生树种，保留一个主要树种组成纯林。如皂荚和药用灌木混交，皂荚一般苗木较小，3～8年才能进入盛产期，收益晚，造成土地浪费，套种药用灌木，早期通过药用灌木的浇水、施肥等日常管理，可以促进皂荚生长，节约管理成本，并能取得经济收益。这种混交方式能促进主要树种生长，在经济利益上是长短结合。

长期混交是林地自始至终保留两个或两个以上主要树种。紫穗槐、花椒、连翘做下木栽培与皂荚长期混交。如皂荚与茶树混交，每隔2～4行茶树在行间栽皂荚,对茶树起遮阴作用。

混交林能否营造成功,关键在于树种配合是否正确,因此营造混交林时,必须了解各树种的生物学及生态学特性以及它们之间的相互关系。如喜光树种和耐阴树种配合、深根树种和浅根树种配合、乔木树种和灌木树种配合、针叶树种和阔叶树种配合等。同时还要研究了解菌根菌共生关系、根系叶面分泌物质之间的化学联系。

混交树种如何配置是个重要问题,混交方式不同,种间关系是有变化的,因此混交方式不是一个简单的机械排列组合,而是有其深刻的生物学意义的。

混交方式有株间和行间混交、带状混交、块状混交、不规则插花混交4种方式。

(1) 株间和行间混交。这种混交方式在理论上最能利用种间互相关系,充分发挥混交效果。但如果树种选择不当,相互挤压、抑制,会使混交失败。

(2) 带状混交。这种混交方式是由一个树种栽成数行成一条带,另一树种也栽成数行成一条带,交互排列。各个树种带的宽度、行数可以不一样。

(3) 块状混交。可分为规则和不规则两种。每一个树种成块地栽植在一起组成混交林,规则或不规则主要根据地形不同分别采用。

(4) 不规则插花混交。这种混交方式主要用于造林地不规则的地方。

皂荚栽培在立地条件艰苦等地方,需要在以发挥生态防护为主的情况下,一般营造混交林;通常在平原、丘陵地带,适宜集约化生产经营的地方,以营造皂荚纯林或皂农间作为宜。

7.1.3 皂荚林下经济

7.1.3.1 林下经济

所谓林下经济,主要是指以林地资源和森林生态环境为依托发展起来的林下种植业、养殖业、采集业和森林旅游业,既包括林下产业,也包括林中产业,还包括林上产业。

发展林下经济使林地既是生态保护带又是综合经济带,使林业资源优势转变为经济优势,使林地的长、中、短期效益有机结合,种植、养殖、采集、森林旅游协调发展,缩短林业经济周期,极大地增加林地附加值,从而获得良好的生态效益、经济效益和社会效益。林下经济是一种崭新的林业生产方式和经济现象，它转变了林业增长方式，符合山区新农村建设的客观要求。所以，发展林下经济是大势所趋，已成为各地林业建设中新的经济增长点，对未来林业发展举足轻重，前景十分可观。

7.1.3.2 发展皂荚林下经济植物栽培的意义

1. 经济效益

林下经济植物栽培调整了经济结构，增加了经济收入。改变了过去仅靠大量砍伐木材、牺牲资源为代价的经济发展模式。是农村经济新的增长点，是林区及山林、经济林承包者增收致富的新渠道。

1）有利于林业综合效益的提高

林下经济是一种循环经济，有林菌、林草、林药、林粮、林牧等多种形式。它以林地资源为依托，以科技为支撑，充分利用林下自然条件，选择适合林下生长的植物和动物种类，进行合理种植、养殖，使林业产业从单纯利用林产资源转向林产资源与林地资源结合利用，起到近期得利、长期得林、远近结合、以短补长、协调发展的产业化效应，大大延伸了林业产业化的内涵，使林业综合效益得到不断提高。

2）有利于促进农民增收

在林下发展种植业和养殖业，农民容易接受，也容易掌握。充分利用林下独特的生态环境条件，林木、林下立体发展，把单一林业引向复合林业，转变林业经济增长方式，提高林地综合利用效率和经营效益，推动林业产业快速发展，实现农民增收和企业增效，使农民从林业经营中真正得到实惠。

2. 社会效益

发展林下经济，一是拓宽了就业渠道，分流了富余劳动力，为劳动力提供就业岗位，促进山区、林区的社会稳定，有利于推进社会主义新农村建设；二是促使农村农、林、牧各业相互促进、协调发展，必将有效带动加工、运输、物流、信息服务等相关产业发展，吸纳农村剩余劳动力就业，促进农业生产发展；三是可以改变传统家庭养殖业污染居住环境、影响村容整洁的问题，促进农民生活质量的不断提高。

3. 生态效益

林下经济的发展加速了森林的新陈代谢,提高了树木的生长和林分质量,可以构建稳定的生态系统,培育、保护林木资源,增加林地生物多样性,具有良好的生态效益,是巩固生态建设成果的新举措。

7.1.3.3　皂荚林下经济植物栽培的原则

林下经济发展一定要注意与生态环境协调,以生态为基础,以"适宜、适当、适度、适用"为原则,确保林地可持续发展、永续利用,成为生态高效现代农业发展模式之一。

1. 根据林相结构选择适宜的林下种植模式

根据林木各生长期的不同林相结构特点,合理布局林下经济模式。在幼林中,一般以林下套种较喜光的中药材、食用植物为主;在林分郁闭后,茂密的树林提供了极为理想的生态环境,可以套种较耐阴的中药材、食用植物、花卉和食用菌等,经济效益比较可观。

2. 根据林地布局选择适当的林下经济植物种植规模

根据林地的布局确定林下经济植物的种植规模,一些规模化的林地可以种植一些需求量大、生产周期相对较长的品种,而一些小面积的片林,可选择种植一些需求量较小、生产周期相对较短的品种。

3. 根据林下经济植物产业发展寻求适用的技术支撑

林下经济植物栽培是一种生态的、可持续的、有利于食品安全的生产模式,探索才刚刚起步,许多适用技术需要研究,许多技术体系和产业链需要完善。

7.1.3.4　林下经济植物栽培应注意的问题

发展林下经济植物栽培,必须坚持科学发展观,遵循林业发展规律和市场经济规律,对林地的整体特征、面积、自然条件等各方面因素进行科学统筹与分析,制定出适合该地发展的林下经济模式和发展规划,选择最为适宜的发展模式,最大限度地提高林地利用率和生产力。

1. 林下经济植物的栽培品种选择需谨慎,不能与林业本身冲突

林下一般缺少阳光,通风也不理想,因此并不适合大多数作物的生长。选定的经济植物品种必须适应当地的土壤、气候条件等,同时还必须因地制宜考

虑海拔、坡向、土壤、湿度、树龄大小、树木种类等因素。因此,在考虑品种时,首先应选择以收获茎、叶、花、果等地上部分为主,一年种植可多年收益的;其次,因林地租赁成本较低,可选择种植收获地下根茎为主的多年生品种种植,减少生产投入。

2. 林下经济植物栽培要符合国家林业政策,坚持科学种植,不能毁掉林下植被

林下种植的目的是利用林下及林中空旷闲地资源,实现农民增收,进而更好地保护林地,不可"舍本逐末"或"本末倒置"。林下杂草,灌木等植被对于水源涵养、水土保持、生物多样性维护非常重要,发展林下经济要有科学观念,注意保护生态环境,不能毁掉林下植被而改种植经济作物等。

3. 发展林下经济植物栽培要密切关注市场变化

林下种植时,一定要在种类选择、种植布局、栽培技术、收获加工、包装储运等方面按市场要求运作,既要发挥地方优势,又要注重市场变化。要防止不问市场、盲目发展,也要防止脱离实际的"跟风撵价"。

7.2　太行山山地丘陵区

7.2.1　区域基本状况

太行山山地丘陵区位于河南省西北部,属太行山的南麓和东坡,是构成黄淮海平原西北部的天然屏障,在全省国民经济和社会发展中具有较为重要的战略地位。区域涉及安阳、鹤壁、新乡、焦作、济源 5 个省辖市 21 个县(市、区),总面积为 1 156.39 万亩,占山区土地面积的 10.25%。

本区位于晋、冀、豫三省交界处,地理位置十分重要,可御西北寒流袭击,可纳东南暖湿气流。是山西高原上升和华北平原下降的边缘,位于我国二、三级大地形的陡坎上。区内山势雄伟,沟壑纵横,主体山系呈东西向展布,坡度多在 30°以上,区内海拔在 600 ~ 1 200 m 以上,鳌背山海拔1 929.6 m。年均气温 14.3 ℃,年均降雨量 695 mm,降雨年相对变率 16.9%,日照时数 2 367.7 h,年均太阳辐射量 4 947.54 MJ/m^2。土壤类型以棕壤、褐土类为主,棕壤土分

布在海拔 1 000 m 以上的中山区,以西部、北部为最多,现有天然次生林下的土壤多为棕壤土;褐土类广泛分布于区内,淋溶性褐土分布在海拔 800 ~ 1 000 m 的低中山区,褐土性土分布在海拔 300 ~ 800 m 的山前洪积冲击扇上。区内植物类群有 163 科、734 属、1 689 种,分布有太行山国家级猕猴自然保护区及森林公园等,深山区植被覆盖率大于 95%。浅山区矿产开发、旅游开发、公路建设等导致基岩裸露、生境破碎,土壤稀薄、降雨量少及植被覆盖率不高,生态环境极为脆弱。因此,因地制宜、综合治理,多林种、多树种科学配置,可以大力发展生态经济型乡土树种——皂荚,既可以改善生态环境,又能提高当地农民经济收入。

本区现有林业用地 598.71 万亩,其中有林地 248.46 万亩,疏林地 17.48 万亩,灌木林地 115.80 万亩,未成林造林地 68.98 万亩,苗圃地 5.94 万亩,无林地 142.05 万亩。

7.2.2　配置模式

7.2.2.1　皂荚与油松、侧柏混交

皂荚与油松、侧柏混交模式见表 7-1。

表 7-1　皂荚与油松、侧柏混交模式

造林树种		混交方式	株距 (m)	行距 (m)	苗木规格			每亩种苗量	
主要种	代用种				苗龄	地径 (cm)	苗高 (m)	株数	kg
皂荚		带状混交	1.5	2.0	1－0	≥0.5	≥0.3	222	
油松	侧柏		1.5	2.0	1.5－0	≥0.3	≥0.20	222	

1. 整地时间及方式

整地时间在雨季造林前,方式为鱼鳞坑,规格为长径 50 cm,短径 40 cm,深 30 cm,坑面外比里面高 10 cm,沿等高线排列成行,上下交错呈"品"字形。皂荚每亩 222 株,油松、侧柏每亩 222 株。

2. 种植

油松、侧柏每带 4 ~ 6 行,雨季造林,一年生裸根壮苗,根蘸泥浆栽植。泥浆用较细的表土搅拌生根剂药水而成,泥浆不能过稠和过稀,以泥浆蘸根后,

根系基本保持原舒展状态并均匀带泥浆为宜。丛状栽植，每丛2~3株，每坑栽1丛，栽植穴靠近坑外侧，先用湿土埋根，再向穴内填表层土和下层土，第一次填土60%，稍提一下苗，再由四周向中间砸实土壤，然后埋土使坑面形成小反坡。

皂荚每带2~3行，秋末冬初造林，1年生裸根壮苗，杆截30 cm高，根蘸泥浆（方法同上），分层踏实栽植，栽后立即浇水。

7.2.2.2 皂荚与连翘、金银花、胡枝子、紫穗槐、花椒等混交

皂荚与连翘、金银花、胡枝子、紫穗槐、花椒等混交模式见表7-2。

表7-2 皂荚与连翘、金银花、胡枝子、紫穗槐、花椒等混交模式

造林树种		混交方式	株距(m)	行距(m)	苗木规格			每亩种苗量	
主要种	代用种				苗龄	地径(cm)	苗高(m)	株数	kg
皂荚		行间混交	1.5	2.0	1-0	≥0.5	≥0.3	222	
连翘	金银花等		1.0	2.0	1-0	≥0.3		333	

1.整地时间及方式

整地时间在秋季，方式为穴状，栽植穴规格为长、宽、深各40 cm，皂荚每亩222株，连翘、金银花、胡枝子、紫穗槐、花椒等每亩333株。

2.种植

秋末冬初造林，皂荚1年生裸根壮苗，杆截30 cm高，根蘸泥浆，泥浆用较细的土搅拌生根剂药水而成，泥浆不能过稠和过稀，以泥浆蘸根后，根系基本保持原舒展状态并均匀带泥浆为宜。分层踏实栽植，栽后立即浇水。连翘、金银花、胡枝子、紫穗槐等秋季或春季造林，根蘸泥浆栽植（方法同上）。

7.3 伏牛山山地丘陵区

7.3.1 区域基本状况

伏牛山山地丘陵区位于河南省西部，包括黄河以南，京广线以西及南阳盆地以北山丘区的大部分地区。涉及郑州、洛阳、平顶山、许昌、三门峡、驻马店、

南阳7个省辖市48个县(市、区)。总面积为7 436.33万亩,占山区土地面积的65.88%。

该区内主要有小秦岭、崤山、万方山、伏牛山和嵩山,海拔一般在1 000~2 000 m以上,部分山峰海拔超过2 000 m,该区域是秦岭山脉西部的延伸。主要山脉分支之间有相对独立的水系分布,山脉与水系相间排列,较大河流与一些山间盆地相连。例如卢氏盆地、伊(川)洛(阳)盆地和宜(阳)洛(宁)盆地等,形成了谷地和盆地串连、低洼开阔地带与山脉相间分布的独特地貌类型。三门峡、洛阳、南阳境内的伏牛山、熊耳山、外方山海拔500 m以上的中山区一般规划为生物多样性及水源涵养生态区;三门峡、南阳境内的伏牛山、熊耳山、外方山海拔200 m以上的低山丘陵、中山区多一般规划为水土保持生态功能区。山间盆地、谷底及平原微丘陵区是农业生态区。

该区自北向南递增的气候条件是,年均气温13.1~15.8 ℃,降水量500~1 100 mm;自南向北递增的气候条件是,年均蒸发量1 000~2 346 mm,日照时数1 495~2 217 h,太阳辐射量4 555.62~5 030.99 MJ/m^2。我国暖温带和北亚热带的分界线秦岭位于该区的南部,因此区域内植被类群丰富,广泛分布有南北过渡带物种。区域内分布的植被类型有以栎类为主的落叶阔叶林、针叶林植被、针阔混交林、灌丛植被、草甸、竹林以及人工栽培植被等。

该区现有林业用地3 744.59万亩,其中有林地2 337.87万亩,疏林地70.20万亩,灌木林地465.10万亩,未成林造林地277.05万亩,苗圃地23.87万亩,无林地570.50万亩。

该区又可分为北坡山地丘陵亚区和南坡山地丘陵亚区。

7.3.2　配置模式

7.3.2.1　伏牛山北坡山地丘陵亚区

1. 皂荚与日本落叶松、油松、侧柏混交

皂荚与日本落叶松、油松、侧柏混交模式见表7-3。

1）整地时间及方式

整地时间在冬季,整地方式为穴状,在杂草和灌木稀少的地方穴状整地,规格为长、宽、深各40 cm,沿等高线排列成行,上下交错呈“品”字形,每亩皂荚222株，日本落叶松每亩167～334株，在杂草和灌木较密的地方，采用水平沟整地，沟长70～100 m，宽度40～50 cm，深度30～40 cm。

表7-3　皂荚与日本落叶松、油松、侧柏混交模式

造林树种		混交方式	株距（m）	行距（m）	苗木规格			每亩种苗量	
主要种	代用种				苗龄	地径（cm）	苗高（m）	株数	kg
皂荚		带状混交	1.5	2.0	1－0	≥0.5	≥0.3	222	
日本落叶松	侧柏等		1～2	2.0	2－0	≥0.45	≥0.25	167～334	

2）种植

皂荚3～4行一带，春季造林，1年生裸根壮苗，根蘸泥浆栽植；日本落叶松、油松、侧柏2～3行一带，春季或雨季造林。

2. 皂荚与山杏、山桃、栓皮栎混交

皂荚与山杏、山桃、栓皮栎混交模式见表7-4。

表7-4　皂荚与山杏、山桃、栓皮栎混交模式

造林树种		混交方式	株距（m）	行距（m）	苗木规格			每亩种苗量	
主要种	代用种				苗龄	地径（cm）	苗高（m）	株数	kg
皂荚		行间混交	2.0	3.0	1－0	≥0.5	≥0.3	111	
山桃	山杏等		1.0	2.0				333	3

1）整地时间及方式

整地时间在雨季造林前，方式为鱼鳞坑，规格为长径50 cm，短径40 cm，深30 cm，坑面外比里面高10 cm，沿等高线排列成行，上下交错呈“品”字形。皂荚每亩111株，山桃、山杏等每亩333株。

2）种植

皂荚每带4～6行，秋末冬初造林，一年生裸根壮苗，杆截30 cm高，根蘸泥浆栽植。泥浆用较细的土搅拌生根剂药水而成，泥浆不能过稠和过稀，以泥浆蘸根后，根系基本保持原舒展状态并均匀带泥浆为宜。分层踏实栽植，栽后立即浇水。

山桃、山杏直播造林，秋季或春季播种，每穴播种子5粒，播种时把种子均匀撒开，覆土4～6 cm。

3. 皂荚与沙棘、金银花、胡枝子、紫穗槐混交

皂荚与沙棘、金银花、胡枝子、紫穗槐混交模式见表7-5。

表7-5　皂荚与沙棘、金银花、胡枝子、紫穗槐混交模式

造林树种		混交方式	株距（m）	行距（m）	苗木规格			每亩种苗量	
主要种	代用种				苗龄	地径（cm）	苗高（m）	株数	kg
皂荚		带状混交	2.0	3.0	1－0	≥0.5	≥0.3	111	
沙棘	金银花等		1.0	2.0	1－0	≥1.5	≥0.5	333	

1）整地时间及方式

整地时间在雨季造林前，方式为鱼鳞坑，皂荚每亩111株，沙棘、金银花、胡枝子、紫穗槐等每亩333株。

2）种植

皂荚和沙棘每带各4～6行，春季植苗造林，一年生裸根壮苗，根蘸泥浆栽植，分层踏实栽植，栽后立即浇水。

7.3.2.2　伏牛山南坡山地丘陵亚区

1. 皂荚与华山松、日本落叶松、油松、马尾松混交

皂荚与华山松、日本落叶松、油松、马尾松混交模式见表7-6。

表7-6　皂荚与华山松、日本落叶松、油松、马尾松混交模式

造林树种		混交方式	株距（m）	行距（m）	苗木规格			每亩种苗量	
主要种	代用种				苗龄	地径（cm）	苗高（m）	株数	kg
皂荚		带状混交	1.5	2.0	1－0	≥0.5	≥0.3	222	
华山松	侧柏等		1～2	2.0	2－0	≥0.45	≥0.25	167～334	

1）整地时间及方式

整地时间在冬季，整地方式为穴状，在杂草和灌木稀少的地方穴状整地，规格为长、宽、深各40 cm，沿等高线排列成行，上下交错呈“品”字形，每亩皂

荚222株,华山松每亩167~334株,在杂草和灌木较密的地方,采用水平沟整地,沟长70~100 m,宽度40~50 cm,深度30~40 cm。

2）种植

皂荚3~4行一带,春季造林,1年生裸根壮苗,根蘸泥浆栽植;华山松、日本落叶松、油松、马尾松2~3行一带,春季或雨季造林。

2. 皂荚与山茱萸、胡枝子、沙棘、连翘等混交

皂荚与山茱萸、胡枝子、沙棘、连翘等混交模式见表7-7。

表7-7 皂荚与山茱萸、胡枝子、沙棘、连翘等混交模式

造林树种		混交方式	株距(m)	行距(m)	苗木规格			每亩种苗量	
主要种	代用种				苗龄	地径(cm)	苗高(m)	株数	kg
皂荚		行间混交	2.0	3.0	1-0	≥0.5	≥0.3	111	
山茱萸	连翘等		1.5	2.0	1-0	≥0.4	≥0.5	222	

1）整地时间及方式

整地时间在秋季,方式为水平阶,间距2 m,规格为宽1 m,深0.6 m。造林时在阶面上挖穴栽植,长、宽、深各40 cm。皂荚每亩111株,山茱萸、连翘、沙棘、胡枝子每亩222株。

2）种植

春季植苗造林,皂荚和山茱萸均采用1年生裸根壮苗,根蘸泥浆栽植,栽植时使根系舒展,分层踏实,栽后立即浇水。

3. 皂荚与黄花菜、黑麦草、沙打旺间作

皂荚与黄花菜、黑麦草、沙打旺间作模式见表7-8。

表7-8 皂荚与黄花菜、黑麦草、沙打旺间作模式

造林树种		混交方式	株距(m)	行距(m)	苗木规格			每亩种苗量	
主要种	代用种				苗龄	地径(cm)	苗高(m)	株数	kg
皂荚		乔药、草间作	2.0	3.0	1-0	≥0.5	≥0.3	111	
黄花菜	黑麦草等			0.5					1.0

1）整地时间及方式

整地时间在秋季或冬季，整地方式为反坡梯田整地，长度和宽度依据具体地形确定，在梯田上挖栽植穴，穴长、宽、深各40 cm，每亩111株。

2）种植

秋末冬初造林，皂荚1年生裸根壮苗，杆截30 cm高，根蘸泥浆，分层踏实栽植，栽后立即浇水。树行间栽植黄花菜，分根栽种。或者播种黑麦草、沙打旺，秋末冬初播种为好，采用条播，条距20 cm，条幅3～5 cm，深2 cm，每亩播种量0.5～0.75 kg，覆土1～2 cm。

7.4 黄土丘陵区

7.4.1 区域基本状况

黄土丘陵区包括郑州以西、太行山以东以南的豫西、豫北地区，其西与陕、甘、宁、晋黄土高原相连，包括黄土塬、黄土丘陵、黄土阶地三种类型。

黄土塬是由黄土构成的高平原，即经流水的强烈侵蚀和切割而保留下来的高原面，多分布在黄河及其支流伊河、洛河、涧河等河两侧的山前地带。

黄土丘陵主要分布在郑州以西的荥阳、巩义、偃师、洛阳、宜阳、陕县、灵宝等地，一般海拔150～250 m。新安、渑池、孟津、伊川、临汝、汝阳等地的丘陵可划为红黏土丘陵。因水土流失，表层黄土已大部被冲光，致使红黏土裸露地面，质地黏重，透水性及耕性均差，干旱瘠薄，应加强水土保持和土壤改良。

黄土阶地主要分布在郑州以西的黄河、伊河、洛河、沙河、颍河、汝河和贾鲁河中上游与唐河、白河两岸，一般可分为一、二、三级阶地。黄河两侧的一级阶地海拔100～300 m，一般阶面宽3～9 km不等；二级阶地一般海拔120～380 m，西高东低；三级阶地多分布在黄土丘陵与黄河之间，海拔140～450 m。伊洛河的一级阶地海拔300～600 m，阶面宽300～500 m，上层为全新统亚砂土，下层由砂砾石组成；二级阶地海拔400～600 m，阶面宽400～500 m，坡降1/200左右。上述各河流两侧的阶地是农业集中产区，有些地方有干旱，危害农作物。今后应因地制宜，因害设防，营造经济林、护岸林和小型农田防护林。

7.4.2 配置模式

7.4.2.1 皂荚与油松、侧柏、日本落叶松混交

皂荚与油松、侧柏、日本落叶松混交模式见表7-9。

表7-9 皂荚与油松、侧柏、日本落叶松混交模式

造林树种		混交方式	株距(m)	行距(m)	苗木规格			每亩种苗量	
主要种	代用种				苗龄	地径(cm)	苗高(m)	株数	kg
皂荚		带状混交	2.0	3.0	1-0	≥0.5	≥0.3	111	
油松	侧柏		1.5	2.0	1.5-0	≥0.3	≥0.20	222	

1. 整地时间及方式

整地时间在雨季造林前，方式为鱼鳞坑，规格为长径50 cm，短径40 cm，深30 cm，坑面外比里面高10 cm，沿等高线排列成行，上下交错呈“品”字形。皂荚每亩111株，油松、侧柏等每亩222株。

2. 种植

皂荚每带4~6行，秋末冬初造林，1年生裸根壮苗，杆截30 cm高，根蘸泥浆栽植。泥浆用较细的土搅拌生根剂药水而成，泥浆不能过稠和过稀，以泥浆蘸根后，根系基本保持原舒展状态并均匀带泥浆为宜。分层踏实栽植，栽后立即浇水。

油松、侧柏每带2~3行，雨季造林，1年生裸根壮苗，根蘸泥浆(方法同上)，丛状栽植，每丛2~3株，每坑栽1丛，栽植穴靠近坑外侧，先用湿土埋根，再向穴内填表层土和下层土，第一次填土60%，稍提一下苗，再由四周向中间砸实土壤，然后埋土使坑面形成小反坡。

7.4.2.2 皂荚与连翘、紫穗槐、金银花、胡枝子、花椒混交

皂荚与连翘、紫穗槐、金银花、胡枝子、花椒混交模式见表7-10。

1. 整地时间及方式

整地时间在秋季，方式为水平阶，间距2 m，规格为宽1 m，深0.6 m。皂荚每亩111株，连翘、紫穗槐、金银花、胡枝子、花椒每亩222株。

表7-10　皂荚与连翘、紫穗槐、金银花、胡枝子、花椒混交模式

造林树种		混交方式	株距(m)	行距(m)	苗木规格			每亩种苗量	
主要种	代用种				苗龄	地径(cm)	苗高(m)	株数	kg
皂荚		行间混交	2.0	3.0	1－0	≥0.5	≥0.3	111	
连翘	金银花等		1.5	2.0	1－0	≥0.3		222	

2. 种植

秋末冬初造林，皂荚1年生裸根壮苗，杆截30 cm高，根蘸泥浆，泥浆用较细的土搅拌生根剂药水而成，泥浆不能过稠和过稀，以泥浆蘸根后，根系基本保持原舒展状态并均匀带泥浆为宜。分层踏实栽植，栽后立即浇水。连翘、金银花、胡枝子、紫穗槐等秋季或春季造林，根蘸泥浆栽植(方法同上)。

7.4.2.3　皂荚与桔梗、油用牡丹、黄芩、沙打旺、紫花苜蓿等混交

皂荚与桔梗、油用牡丹、黄芩、沙打旺、紫花苜蓿等混交模式见表7-11。

表7-11　皂荚与桔梗、油用牡丹、黄芩、沙打旺、紫花苜蓿等混交模式

造林树种		混交方式	株距(m)	行距(m)	苗木规格			每亩种苗量	
主要种	代用种				苗龄	地径(cm)	苗高(m)	株数	kg
皂荚		乔药、草间作	2.0	3.0	1－0	≥0.5	≥0.3	111	
桔梗	黄芩等			0.3					0.5

1. 整地时间及方式

整地时间在秋季或冬季，整地方式为反坡梯田整地，长度和宽度依据具体地形确定，在梯田上挖栽植穴，穴长、宽、深各60 cm，每亩111株。

2. 种植

秋末冬初造林，皂荚1年生裸根壮苗，杆截30 cm高，根蘸泥浆，泥浆用较细的土搅拌生根剂药水而成，泥浆不能过稠和过稀，以泥浆蘸根后，根系基本保持原舒展状态并均匀带泥浆为宜。分层踏实栽植，栽后立即浇水。树行间播种桔梗、黄芩、沙打旺、紫花苜蓿等，秋末冬初播种为好，采用条播，条距20 cm，条幅3～5 cm，深2 cm，每亩播种量0.5～0.75 kg，覆土1～2 cm。油用牡丹栽植宜在10月底，在皂荚树行间用铁锹竖直插下25 cm左右，向前推锹把，形成一个缝隙，放入一颗蘸好泥浆的2年生壮苗，油用牡丹苗露出地面5～8

cm,再抽出铁锹,用脚踩实,使苗子和土壤之间紧密结合,不留缝隙。

7.5　大别桐柏山山地丘陵区

7.5.1　区域基本状况

大别桐柏山山地丘陵区位于河南省南部,秦岭淮河以南地区,涉及驻马店、南阳、信阳3个省辖市14个县(市、区)。总面积为2 694.53万亩,占山区土地面积的23.87%。

该区为大别山的西北部分,桐柏山脉和大别山脉分布在河南省南部边境地带,自西北向东南延伸。桐柏山脉主要由低山和丘陵组成,海拔多在400~800 m。大别山脉近东西向延伸,地势自山脉主脊向北逐渐降低,海拔多在800~1 000 m。气候属北亚热带湿润季风气候,阳光充足,年均日照时数1 990~2 173 h,年均气温15.1~15.5 ℃。年均降水量900~1 200 mm,降雨年相对变率14%~20%,年蒸发量1 355~1 650 mm。地带性土壤为黄棕壤,土壤类型主要有黄褐土、棕壤、砂姜黑土、水稻土等。植被类型属北亚热带常绿落叶、阔叶混交林。

该区现有林业用地1 181.94万亩,其中有林地755.37万亩,疏林地21.29万亩,灌木林地141.03万亩,未成林造林地84.01万亩,苗圃地7.24万亩,无林地173.00万亩。

7.5.2　配置模式

7.5.2.1　皂荚与马尾松、黄山松、檫木、毛竹混交

皂荚与马尾松、黄山松、檫木、毛竹混交模式见表7-12。

1. 整地时间及方式

整地时间在秋季,方式为水平阶,间距2 m,规格为宽1 m,深0.6 m。造林时在阶面上挖穴栽植,长、宽、深各40 cm。皂荚每亩148株,马尾松、黄山松、檫木、毛竹每亩148株。

表7-12 皂荚与马尾松、黄山松、檫木、毛竹混交模式

造林树种		混交方式	株距(m)	行距(m)	苗木规格			每亩种苗量	
主要种	代用种				苗龄	地径(cm)	苗高(m)	株数	kg
皂荚		带状混交	1.5	3.0	1-0	≥0.5	≥0.3	148	
马尾松	檫木等		1.5	3.0	1-0	≥0.20	≥0.15	148	

2. 种植

皂荚3~4行一带,春季造林,1年生裸根壮苗,根蘸泥浆栽植;马尾松、黄山松、檫木2~3行一带,春季或雨季1年生裸根壮苗造林;毛竹埋植竹鞭造林,鞭段长1 m。

7.5.2.2 **皂荚与油茶、栀子、金银花、紫穗槐混交**

皂荚与油茶、栀子、金银花、紫穗槐混交模式见表7-13。

表7-13 皂荚与油茶、栀子、金银花、紫穗槐混交模式

造林树种		混交方式	株距(m)	行距(m)	苗木规格			每亩种苗量	
主要种	代用种				苗龄	地径(cm)	苗高(m)	株数	kg
皂荚		带状混交	2.0	3.0	1-0	≥0.5	≥0.3	111	
油茶	栀子等		1.5	2.0	1-0	≥0.4	≥0.5	222	

1. 整地时间及方式

整地时间在秋季或冬季,整地方式为反坡梯田整地,长度和宽度依据具体地形确定,在梯田上挖栽植穴,穴长、宽、深各60 cm。皂荚每亩111株,油茶、栀子、金银花、紫穗槐每亩222株。

2. 种植

皂荚3~4行一带,春季造林,1年生裸根壮苗,根蘸泥浆栽植;油茶、栀子、金银花、紫穗槐4~6行一带,春季或雨季造林。

7.5.2.3 **皂荚与栓皮栎、麻栎、油桐、茶树混交**

皂荚与栓皮栎、麻栎、油桐、茶树混交模式见表7-14。

1. 整地时间及方式

整地时间在秋季或冬季,整地方式为反坡梯田整地,长度和宽度依据具体

地形确定,在梯田上挖栽植穴,穴长、宽、深各 40 cm。皂荚每亩 111 株,栓皮栎、麻栎、油桐、茶树每亩 222 株。

表 7-14　皂荚与栓皮栎、麻栎、油桐、茶树混交模式

造林树种		混交方式	株距	行距	苗木规格			每亩种苗量	
主要种	代用种		(m)	(m)	苗龄	地径 (cm)	苗高 (m)	株数	kg
皂荚		带状混交	2.0	3.0	1－0	≥0.5	≥0.3	111	
栓皮栎	油桐等		1.5	2.0	1－0	≥0.4	≥0.5	222	

2. 种植

秋季或春季造林,皂荚 1 年生裸根壮苗,杆截 30 cm 高,根蘸泥浆,分层踏实栽植,栽后立即浇水。栓皮栎、麻栎、油桐、茶树直播造林,8 月底至 10 月初,种子成熟采收后及时播种造林,每穴播种子 5 粒,播种时把种子均匀撒开,覆土 6 ~ 8 cm。

7.5.2.4　皂荚与黄姜、丹参、黑麦草、紫花苜蓿、黄花菜间作

皂荚与黄姜、丹参、黑麦草、紫花苜蓿、黄花菜间作模式见表 7-15。

表 7-15　皂荚与黄姜、丹参、黑麦草、紫花苜蓿、黄花菜间作模式

造林树种		混交方式	株距	行距	苗木规格			每亩种苗量	
主要种	代用种		(m)	(m)	苗龄	地径 (cm)	苗高 (m)	株数	kg
皂荚		乔药、草间作	2.0	3.0	1－0	≥0.5	≥0.3	111	
黄姜	丹参等		0.25	0.3					200

1. 整地时间及方式

整地时间在秋季或冬季,整地方式为反坡梯田整地,长度和宽度依据具体地形确定,在梯田上挖栽植穴,穴长、宽、深各 40 cm,每亩 111 株。

2. 种植

秋末冬初造林,皂荚 1 年生裸根壮苗,杆截 30 cm 高,根蘸泥浆,分层踏实栽植,栽后立即浇水。树行间栽植黄姜或者丹参,黄姜春季或者秋季埋植根状茎小段,长度 5 ~ 7 cm,每穴 1 根,穴深 8 ~ 10 cm,丹参种根长度 5 ~ 7 cm,每穴 1 ~ 2 根,穴深 5 ~ 7 cm,栽植做到深穴浅盖,芽头向上,根毛舒展。分根栽种。

或者播种黑麦草、紫花苜蓿，秋末冬初播种为好，采用条播，条距 20 cm，条幅 3 ~5 cm，深 2 cm，每亩播种量 0.5 ~0.75 kg，覆土 1 ~2 cm。

7.6　平原生态区

7.6.1　区域基本状况

平原生态区包括黄淮海平原及南阳盆地，是河南省重要的粮、棉、油生产基地和经济作物的重要产区。该区地域辽阔，地形、地貌较为复杂，大致划分为堆积平原、沙丘、堆积盆地三种地貌类型，包括 3 个生态亚区。

7.6.1.1　一般平原农业生态亚区

本亚区是指淮河以北，基本上是京广铁路线以东的广大平原地区及南阳盆地，涉及郑州、开封、洛阳、平顶山、安阳、鹤壁、新乡、焦作、濮阳、许昌、漯河、南阳、商丘、信阳、周口、驻马店、济源 17 个省辖市 131 个县（市、区）。总面积为 11 788.27 万亩，占平原区土地面积的 86.82%。

该亚区淮河以北地势平坦，属暖温带气候区；南阳盆地由边缘向中心和缓倾斜，地势具有明显的环状和梯级状特征，属北亚热带气候区，海拔在 80 ~200 m，年日照时数 1 945.5 ~2 100 h，年均气温 14.5 ~15.5 ℃，年均降水量 790 ~1 100 mm。区内土壤类型主要有潮土、砂姜黑土、黄褐土、褐土等。该亚区要重点抓好农田防护林体系建设，大力发展用材林及工业原料林、经济林、苗木花卉等基地，高标准建设生态廊道，提升绿化的档次和质量。

该亚区现有林业用地 1 188.46 万亩，其中有林地 789.54 万亩，疏林地 19.91 万亩，灌木林地 131.89 万亩，未成林造林地 78.57 万亩，苗圃地 6.77 万亩，无林地 161.78 万亩。

7.6.1.2　风沙治理亚区

本亚区主要分布在豫北黄河故道区及豫东黄河泛淤区，是河南省主要的农业低产区，涉及郑州、开封、安阳、鹤壁、新乡、焦作、濮阳、许昌、商丘、周口 10 个省辖市 48 个县（市、区）。总面积为 1 240.57 万亩，占平原区土地面积的 9.14%。该亚区系黄河历史决口和改道时，沉积的大量泥沙在风力作用下形成的一种特殊风沙地貌。沙丘一般高3～5 m,最高可达10 m,区内分布有波状沙地、平沙地和丘间洼地,风沙和盐碱危害较为严重。年均降水量600～700 mm,年蒸发量2 000 mm左右。大风日数多在20天以上,且多集中在冬春旱季。土壤类型主要有风沙土、潮土、盐碱土。本区宜大力营造防风固沙林,在沙化耕地上高标准建设农田林网和农林间作,拓展生存与发展空间,积极发展用材林及工业原料林、经济林,着力改善生态环境,促进沙区经济发展,维护沙区社会稳定。

该亚区现有林业用地269.13万亩,其中有林地157.83万亩,疏林地5.55万亩,灌木林地36.80万亩,未成林造林地21.92万亩,苗圃地1.89万亩,无林地45.14万亩。

7.6.1.3　低洼易涝农业生态亚区

本亚区是全省地势最低的地区,涉及新乡、濮阳、许昌、漯河、信阳、周口、驻马店7个省辖市25个县(市、区)。总面积为548.21万亩,占平原区土地面积的4.04%。

该亚区是由近代河流冲击物和第四纪上更新统湖积物堆积形成的一种低缓平原,海拔一般为40～50 m,新蔡、淮滨一带的东北部,海拔只有33 m,坡降大部分为1/6 000～1/8 000。土壤主要为砂姜黑土,质地黏重,潜在肥力较高,土地利用潜力很大。本区宜结合农田水利基本建设,着力营造用材林及工业原料林、经济林。

该亚区现有林业用地70.19万亩,其中有林地49.56万亩,疏林地1.03万亩,灌木林地6.82万亩,未成林造林地4.06万亩,苗圃地0.35万亩,无林地8.37万亩。

7.6.2　配置模式

7.6.2.1　农田防护林带配置模式

1. 林带与道路结合模式

一般是在道路两侧栽植1～6行皂荚作为行道树。

配置模式:采用“品”字形或长方形配置,株距2～3 m,行距3～4 m,也可隔株栽植1株灌木,也可采用两树种株间或行间混交栽植。

2. 林带与渠系结合模式

配置模式:采用“品”字形或长方形配置,株距2~3 m,行距3~4 m,也可隔株栽植1株灌木,也可采用两树种株间或行间混交栽植。

7.6.2.2　皂荚与农作物间作模式

1. 以皂荚为主的皂农间作

适用类型:沙荒地、半耕地、围村林。

配置模式:皂荚栽植密度为株距2~3 m,行距5~10 m。农作物选择花生、大豆、小麦、红薯、西瓜等低秆作物。

2. 皂农并重型皂农间作

适用类型:风沙危害较强的沙质农耕地。

配置模式:皂荚栽植密度为株距2~3 m,行距10~20 m。农作物可选择玉米、花生、大豆、沙打旺、小麦、棉花等间作。

树行间播种桔梗、黄芩、沙打旺、紫花苜蓿等,秋末冬初播种为好,采用条播,条距20 cm,条幅3~5 cm,深2 cm,每亩播种量0.5~0.75 kg,覆土1~2 cm。油用牡丹栽植宜在10月底,在皂荚树行间用铁锹竖直插下25 cm左右,向前推锹把,形成一个缝隙,放入一株蘸好泥浆的2年生壮苗,油用牡丹苗露出地面5~8 cm,抽出铁锹,用脚踩实,使苗子和土壤之间紧密结合,不留缝隙。

3. 以农为主的皂农间作

适用类型:一般平原农区。

配置模式:皂荚宽、窄行栽植,栽植密度为:宽行行距30~60 m,株距2~3 m; 窄行行距3~5 m,株距2~3 m。农作物可选择玉米、小麦、大豆、花生、棉花等。

7.6.2.3　林下经济模式

1. 林下养殖模式

1）林下养鸡模式

适用类型:各地皂荚树人工林。

配置模式:皂荚栽植密度为:株距2~3m,行距5~8m。林下散养土鸡:一般每亩50~80只。林下棚养:每亩4 000~6 000只,每年两批。

2）林下养鸭模式

适用类型：各地河滩地、低洼皂荚林地。

配置模式：皂荚栽植密度为株距2～3 m，行距5～8 m。林下散养：一般每亩40～60只。

3）林下养鹅模式

适用类型：各地皂荚人工林。

配置模式：皂荚栽植密度为株距2～3 m，行距5～8 m。轮放散养模式：平均每亩20～30只，采取轮放的方式；林下棚养：每亩200只。

4）林－草－羊模式

适用类型：各种皂荚人工林。

配置模式：皂荚栽植密度为株距2～3 m，行距5～8 m。牧草品种为冬牧70、黑麦草、紫花苜蓿。

2. 皂荚林下经济植物栽培模式

1）林药模式

皂荚栽植密度为株距2～3 m，行距3～5 m。

药用植物选用：栀子、玄参、牡丹、桔梗、黄芩、柴胡等。

2）林菜（果）模式

皂荚栽植密度为株距2～3 m，行距3～5 m。

菜用植物选用：黄花菜、中华猕猴桃、朝天椒、野韭菜、马齿苋等。

3）林花模式

皂荚栽植密度为株距2～3 m，行距3～5 m。

观花植物选用：鸢尾、凌霄、常春藤等。

4）林菌结合模式

皂荚栽植密度为株距2～3 m，行距3～5 m，郁闭度60%左右。

食用菌类植物：平菇、香菇、木耳、银耳等。

3. 几种代表性林下植物种植技术

1）栀子

生态习性：桅子一般野生于林荫下及林缘、路旁等地，是典型的酸性指标植物。喜温暖湿润气候，喜散射光，怕强烈阳光；适宜生长在疏松、肥沃、排水良好、轻黏性酸性土壤上;抗有害气体能力强,萌芽力强,耐修剪等。

药用部位及功效:果实、根均可入药。性寒、味苦,无毒。具有泻火除烦、清热利湿、凉血解毒等功效。可用于治疗黄疸型肝炎、扭挫伤、高血压、糖尿病等病症。果实中提取的天然黄色素是食品中常用的着色剂。

栀子栽培技术如下:

(1) 繁殖技术。

种子繁殖:播种期分春播和秋播,以春播为好。在2月上旬至2月下旬(立春至雨水)。选取饱满、色深红的果实,取出种子,于水中搓散,捞取下沉的种子,晾去水分;随即与细土或草木灰拌匀,条播于畦沟内,盖以细土,再覆盖稻草。发芽后除去稻草,经常除草,如苗过密,应陆续进行间苗,保持株距10~13 cm。幼苗培育1~2年,高30 cm以上时,即可定植。

扦插繁殖:扦插于秋季9月下旬至10月上旬,春季2月中下旬。剪取2~3年生枝条,按节剪成长17~20 cm的插穗。插时稍微倾斜,上端留一节露出地面。1年后即可移植。插后须经常除草、保持苗床湿润,生根后施肥以淡人粪尿为佳。

(2) 选地整地。

选择海拔400~800 m的林下套种。种植栀子的林分要求稀密适当,林分的郁闭度在0.3~0.5为宜,分布要均匀,不宜有太大的天窗。地形以山沟、谷地、山麓,坡度在20°以下为好,不宜在山顶上。林地土壤要求深厚肥沃、疏松、不积水、透性好。以地势走向按株行距1.5 m×1.5 m开挖长×宽×深为40 cm×30 cm×30 cm的种植穴。

(3) 栽植技术。

1~3月栽植。放苗时在种植穴和苗根上施少量钙镁磷肥做基肥,每穴栽苗1株,盖土、压实。若遇气温较高或晴天,可适当剪去上部枝叶,遇干旱天气或土较干时,栽苗后要先浇水后填满土。

(4) 管理技术

除草、松土:每年在初春与夏季各除草、松土、施肥1次,并适当培土。在树冠范围内松土深度宜在10 cm左右,在树冠范围之外松土深度可在15 cm以上,以不伤到根系为宜。

施肥:在栀子生长期间,尤其是盛果期,每年要从土壤吸收大量的养分,因此施肥是改善栀子营养状况的重要措施,保证栀子的速生丰产。结合除草、松土,在每年春梢、夏梢和秋梢生长前进行施肥;前期以施氮肥为主,中、后期以施磷肥、钾肥为主。在开花盛期,为促进栀子生长、保花保果,提高坐果率,用0.2%磷酸二氢钾水液喷施叶面肥,每10~15天喷1次,共喷2次。

整形修剪:12月至翌年3月期间均可以进行整形修剪。树冠以开阔的自然开心形比较理想。造林后,应选留3~5个生长方向不同的芽培养成主枝,在每条主枝上留3~5个着生方向不同的壮芽作为副主枝,依次延伸至顶梢。除留作为主枝、副主枝和侧枝的每级壮芽外,其余萌芽可全部抹除,并剪去枯枝、纤弱枝、密生枝、重叠枝、徒长枝和病虫枝,使树冠外圆内空,枝条疏展开朗,通风透光,形成开阔的自然开心形。这样能减少养分消耗,更有利于开花结果,增加结果面积,达到丰产目的。

越冬管理:栀子较耐寒,在南方林下可安全越冬。

2) 黄花菜

生态习性:黄花菜一般野生于海拔1 000 m以下的林缘、田边、地角、房前屋后等地。耐贫瘠、耐干旱,对土壤要求不严,但忌土壤过湿或积水;对光照适应范围广,可与较为高大的作物间作;地上部分不耐寒,地下部分耐-10 ℃低温;旬均温5 ℃以上时幼苗开始出土,叶片生长适温为15~20 ℃;开花期要求较高温度,以20~25 ℃较为适宜。

食用部位及功效:食用部位为花蕾。含有丰富的花粉、糖、蛋白质、维生素C、钙、脂肪、胡萝卜素、氨基酸等人体所必需的多种营养物质。性凉,味甘;具有止血、消炎、清热、利湿、消食、明目、安神等功效。可用于治疗吐血、大便带血、小便不通、失眠、乳汁不通等病症。

黄花菜栽培技术如下:

(1) 繁殖技术。

分株繁殖:这是最常用的繁殖方法。一是将母株丛全部挖出,重新分栽;二是由母株丛一侧挖出一部分植株做种苗,留下的让其继续生长。挖苗和分苗时要尽量少伤根,随挖随栽。种苗挖出后应抖去泥土,一株株地分开或每2~3个芽片为1丛,由母株上掰下。将根茎下部2~3年前生长的老根、朽根和病根剪除，只保留1～2层新根，并把过长的根剪去，约留10 cm长即可。

切片育苗繁殖：黄花菜采收完毕后，将植株挖出，再按芽片一株株分开，除去短缩茎周围的毛叶和已枯死的叶，然后留叶长3～5 cm，剪去上端；再用刀把根茎从上向下先纵切成2片，再依根茎的粗度决定每片是否需要再分。如果根茎粗壮，可再继续纵切成若干条。这样每株一般可分切成2～6株，多者可达10多株。须注意，在分切时每个苗片都需上带"苗茎"，下带须根。分切后用50%多菌灵1 200倍液消毒1～2 h，捞出摊晒后用细土或草木灰混合黄土拌种育苗。

扦插繁殖：黄花菜采收完毕后，从花草中、上部选苞片鲜绿，且苞片下生长点明显的，在生长点的上下各留15 cm左右剪下，将其略呈弧形平插到土中，使上、下两端埋入土中，使苞片处有生长点的部分露出地面，稍覆细土保护；或将其按30°的倾角斜插，深度以土能盖严芽处为宜；当天剪的插条最好当天插完，以防插条失水，影响成活；插后当天及翌日必须浇透水，使插条与土壤密接。以后土壤水分应保持在40%左右，经1周后即可长根生芽。经1年培育，每株分蘖数多者有12个，最少5个，翌年即可开花。

(2) 栽植技术。

于春季在3月上旬至4月下旬，选择根系发达、无病虫害和机械损伤的种苗栽植。栽植时，在沟内每隔6～8 cm，放种苗2株，垂直放于沟中，根系及沟内土壤撒入少量钙镁磷肥作为基肥，然后将土填满浅沟，用扁锄将种苗两侧的覆土压紧。移栽后浇定植水，如秋季栽植，土壤较干旱时，每隔4～5天浇1次缓苗水，直至缓苗生长。

(3) 管理技术。

除草、松土：春苗出土前进行1次浅松土，出苗后再适时浅锄3～4次，可达到除草防旱的双重目的。

施肥：除结合整地施基肥外，进入盛花期后，结合松土除草及时追肥，每亩每次施入复合肥50～100 kg，但初蕾时不宜多施氮肥，以免造成落蕾徒长。施肥方法采用浅沟施。

更新复壮：黄花菜栽后一般可采摘10年以上，但由于株丛大、分蘖多，同时老株抗逆性弱，因此只有更新复壮，才能保持高产。更新复壮的方法有两种，一是将老株丛全部挖掉，重新深翻土地，选苗移栽；二是在老株丛的一边挖掉1/3的分蘖，第1年可保持一定产量，2～3年后产量显著上升。

越冬管理：入冬注意防寒，根据黄花菜根状茎有逐年向上抬高的生长特点，入冬前应进行培土，有利于安全越冬。

(4) 采收、加工及储藏

采收：花蕾饱满、含苞待放、色泽金黄时适期采收，每天开花时间16:00～17:00，采摘最佳时间为13:00～14:00。

加工：每天采摘的花蕾当天蒸完，翌日晾晒，至含水量14%～15%时即可分级包装。

3) 中华猕猴桃

生态习性：中华猕猴桃一般野生于海拔800 m以下的林中、山谷、林缘、山坡灌丛、山坡路边等地。喜阴、温暖湿润、背风向阳环境。忌强光日照，喜腐殖质丰富、排水良好的土壤。

食用部位：中华猕猴桃的食用部位为果实，含亮氨酸、苯丙氨酸、异亮氨酸、酪氨酸、丙氨酸等10多种氨基酸及丰富的矿物质。根和果实可入药。

中华猕猴桃栽培技术如下：

(1) 繁殖技术。

种子育苗：选择个大的熟果，采下后经过6～7天后熟，取出种子，用水洗净，晾干后用纱布包好，埋在稍微湿润的沙里，储藏1～2个月，可提高发芽势和发芽率。圃地选择较荫蔽、易排水、较疏松肥沃的砂质土。畦面土壤整细、整平，畦宽1～1.2 m，施足基肥。2月下旬至3月上旬播种，播种前将种子混些沙土，播种量6～8 g/m^2；盖细土0.5 cm，稍加镇压，盖上稻草，浇些水，保持土壤湿润，在苗床上搭塑料薄膜拱棚，防御雨水冲击，减少水分蒸发，提高床温，有利于种子萌发。出苗后，及时进行遮阴、浇水、追肥、松土、除草以及间苗等。

扦插育苗：选择避风、排水良好、土壤质地疏松、通透性好、有一定保水能力的砂质土壤，表土15 cm内要混合适量的河沙，以促进生根。于春季选择已经开花结果、无病虫害、生长健壮、表皮光滑、芽眼饱满的1年生枝条（雌、雄株枝条要分开），每根插枝保留2～3节。剪去枝条顶端（离腋芽1～1.5 cm处的上部)的纤弱部分,切口封蜡,减少水分蒸发。插枝基部离芽1.5 cm处用利刀斜切,切面要求光滑。扦插前,插枝基部用ABT生根粉200 mg/L浸泡2 h后扦插。

(2) 选地整地。

选择背风向阳的山坡、沟谷两旁或林缘空地或果园栽植。要求土壤质地疏松、土层深厚、腐殖质丰富、排水良好、微酸性至中性的沙壤土。冬季将林下杂草清除,在山坡上开挖水平种植带,内侧挖排水沟,按株行距3 m×5 m,亩栽30~40株;定植穴深60 cm,宽80 cm。每穴施入火烧土50 kg做基肥。

(3) 栽植技术。

春栽在2月中旬至3月上中旬,秋栽在10月中旬至11月中下旬。栽植深度约20 cm,做到根系舒展,不窝根,芽眼朝上。此外,嫁接苗栽植需合理搭配雌雄株,种植面积较大的按8:1配比,种植面积较小的按6:1或5:1的配比。做好雄树记号,以便日后无性繁殖;实生苗则可等到开花时用嫁接方法进行调节。

(4) 管理技术。

除草、松土、施肥:发芽后,要及时除草、追肥,结果期加强肥水管理。幼期树采用少量多次施肥法,其后一般每年施肥3次,基肥1次,追肥2次。第1次追肥在萌芽后施入,每株施复合肥2 kg;第2次追肥在生长旺期前施入,每株施氮磷钾复合肥3 kg;基肥于每年果实采收后施入,以充实春梢和结果树,每株施有机肥20 kg,并混合施入1.5 kg磷肥。因中华猕猴桃的根是肉质根,要在离根稍远处挖浅沟施入化肥并封土,以免引起烧根。旱季施肥后一定要进行灌水。

搭架支撑:可就地利用原有的小树做活桩,再加一些可替换的竹木桩,关键部位使用混凝土桩。就地架高1.8 m,用10~12号铁丝纵横交叉呈“井”字形网络,铁丝间距60 cm左右。

整形修剪及疏果:中华猕猴桃修剪分冬剪、夏剪和雄株修剪。冬剪在落叶后至早春萌芽前1个月期间进行,以疏剪为主,适量短截,多留主蔓和结果母枝,应剪去过密大枝、细弱枝、交叉枝和病虫枝。夏剪主要是在5月中旬至7月上旬进行除萌、摘心、疏剪及绑缚,及时抹去主干上的萌芽,增大枝蔓空间。

雄株修剪在5~6月花后进行,每株留3~4个枝,每条枝留芽4~6个,当新梢长至1 m时摘心。一般在花后1个月进行疏果。留中间果,疏边果,达到每4~5片叶留1个果。一般弱枝每20 cm,留果1~2个;强枝20~25 cm,留果5~6个;预计株产50 kg,应留果500~600个。原则上,整形根据搭架方式而定,要充分利用架面,使枝条分布均匀,从而达到高产、优质的目的。

越冬管理:中华猕猴桃适应性较强,在豫南林下种植无须采取防护措施,可安全越冬。

(5) 采收、加工及储藏。

秋季摘果、挖根,鲜用或晒干。中华猕猴桃的储藏寿命和品质受其收获时的成熟度影响很大,果实采收过早或过迟都会影响果实的品质和风味。依照果实发育期,当果实可溶性固形物含量6% ~7%时为采收适期,而需要长期储藏的果实则要求达7% ~10%。采收宜在无风的晴天进行,雨天、雨后以及露水未干的早晨都不宜采收。采摘时间以10:00前气温未升高时为佳。采收时,要轻采、轻放,小心装运,避免碰伤、堆压,最好随采随分级进行包装入库。用来盛果实的箱、篓等容器底部应用柔软材料作衬垫,不可拉伤果蒂、擦破果皮。初采后的果实坚硬,味涩,必须经过7~10天的后熟软化方可食用。后熟的果实不宜存放,要及时出售。

4) 油用牡丹

生态习性:油用牡丹适生区域非常广,耐干旱、耐瘠薄、耐高寒,群众称为“铁秆作物”,适宜河南省大部分地区的浅山丘陵、平原沙荒地栽植,既可以建设纯牡丹园,又可以进行林下种植,发展林下经济。油用牡丹作为一种多年生的小灌木,栽植容易,成活率高,栽植成本较低,一旦种上,可以二三十年不换茬,能节约大量人力、物力、财力。

食用部位:果和根皮均可食用,种子可提取优质食用油,根皮可入药。

油用牡丹栽培技术如下:

(1) 林地选择与整理。

油用牡丹栽植,宜选干燥向阳地块,以沙质壤土为好。要求土壤疏松透气、排水良好,适宜pH值6.0~8.2。土壤深翻30~40 cm,每亩施用150~200 kg饼肥或腐熟的厩肥1 000~1 500 kg,40~50 kg复合肥作为底肥。同时施入 10 ~ 15 kg/亩辛硫磷颗粒剂和 4 ~ 5 kg/亩多菌灵等作为土壤杀虫杀菌剂。

(2) 栽植时间。

油用牡丹栽植时间以 9 月中旬至 10 月中旬为佳,最迟不超过 10 月底。新栽牡丹冬前“根动芽不动”,即牡丹秋季栽植后,封冻前地下根系要有一定的活动和生长,而芽子要在第二年春季才萌动生长。

(3) 种苗处理。

一般选用 1 ~2 年生“凤丹”实生苗。栽植前首先要对种苗进行分级:苗径达到 0.5 cm 以上、苗长达到 20 cm 以上为一级苗;苗径达到 0.3 ~0.5 cm、苗长达到 16 ~ 20 cm 为二级苗;苗径在 0.3 cm 以下或病苗、虫苗、弱苗要剔除。将一级苗和二级苗分开,用 50% 福美双 800 倍液或 50% 多菌灵 800 ~1 000倍液浸泡 5 ~10 min,晾干后分别栽植。栽前要将过细、过长的尾根剪去 2 ~3 cm。

(4) 栽植密度。

油用牡丹定植的株行距一般为 40 cm ×50 cm 或 30 cm ×70 cm,或 40 cm ×(80 +30) cm 宽窄行栽植,即每亩 3 000 株左右。如果是 1 ~2 年生种苗,为有效利用土地,栽植密度也可以暂定为每亩 5 555 株,株行距为 20 cm ×60 cm。1 ~2 年后,可以隔一株剔除一株,剔除苗可用作新建油用牡丹园,也可用作观赏牡丹嫁接用砧木,剩余部分作为油用牡丹继续管理。

(5) 栽植方法。

栽植时,用铁锹或间距与株距等同的带柄 2 ~3 股专用叉插入地面,别开宽度为 5 ~8 cm、深度为 25 ~35 cm 的缝隙,在缝隙处各放入一株牡丹小苗,使根茎部低于地平面下 2 cm 左右,并使根系舒展,然后踩实,使根、土紧密结合。栽植后按行用土封成高 5 ~8 cm 的土埂,以利保墒越冬。

(6) 田间管理。

锄地:油用牡丹生长期内,需要勤锄地,一是灭除杂草,二是增温保墒。

追肥:牡丹喜欢有机肥与磷肥、钾肥,栽植后第一年,一般不需要追肥。第二年开始追肥,可追 2 次肥,第一次在春分前后,每亩施用 40 ~50 kg 复合肥;第二次在入冬之前,每亩施用 150 ~200 kg 饼肥加 40 ~50 kg 复合肥。第三年开始结籽后,每年以三次追肥为好,即开花前半个月喷洒一次以磷肥为主的肥水;开花后半个月追一次复合肥;采籽后至入冬之前,采用穴施或条施,将有机肥与复合肥混合,一次施入土壤,以确保第二年足量开花结籽。

浇水:牡丹为肉质根,不耐水湿,应保证排水疏通,避免积水。不宜经常浇水,但特别干旱时仍需适量浇小水。

清除落叶:10 月下旬叶片干枯后,及时清除,并带出牡丹田,烧毁或深埋,减少来年病虫害的发生。

整形修剪:采用 1 年苗定植的地块不存在修剪问题;3 ~ 4 年苗定植地块需"平茬",以促单株尽量多地产生分枝,以后开花量多,提高产量;3 年生以后的修剪主要是去除"回缩枝"。整形措施根据枝叶分布空间在春季和秋季灵活掌握。

(7) 种籽采收。

采收时间:种籽成熟期因地区不同而存在差异,河南地区一般在 8 月初成熟。当蓇葖果呈熟香蕉皮黄褐色时即可进行采收,过早种籽不成熟,过晚种皮变黑,易裂口,种子脱落损失。

5) 鸢尾

生态习性:鸢尾一般野生于海拔 1 000 m 以下的林荫下、灌丛中、林缘及水边湿地。耐寒性较强,耐半阴环境,在湿润、排水良好、富含腐殖质、略带碱性的黏性土壤上生长良好。

观赏价值及药用功效如下:

(1) 观赏价值,鸢尾为观花观叶植物。花似蝴蝶,色彩艳丽,叶片碧绿青翠,可在林荫下作地被植物栽培或盆栽,也可作为庭园观赏植物,用于阳台、窗台和居室内布置都有很好的效果,同时也是切花的好材料。

(2) 药用功效,全草有毒,以根茎和种子较毒,尤以新鲜的根茎更甚。根茎入药,具有活血祛瘀、祛风利湿、解毒、消积等功效;可用于治疗跌打损伤、风湿疼痛、咽喉肿痛、食积腹胀、疟疾等;外用治痈疖肿毒、外伤出血等病症。

鸢尾栽培技术如下:

(1) 繁殖技术。

分株繁殖:春季开花后或秋季进行均可,一般种植 2 ~ 4 年后分株 1 次;分割根茎时,注意每块应具有2~3个不定芽。

种子繁殖:种子成熟后应立即播种,鸢尾是小粒种子,多采用条播。行距20~30 cm,覆土2~3 cm。播种量每亩需种子12.5~20 kg。实生苗需要2~3年才能开花。

(2) 选地整地。

选择毛竹林、杉木林、阔叶林、针阔混交林的中龄林、近熟林及盛产期经济林进行套种,郁闭度以0.3~0.5为宜,要求地势平坦、腐殖质层较厚、有机质含量较高、疏松肥沃的壤土或轻壤土,切忌选择贫瘠易板结的土壤种植。选好种植地后进行林地清理,伐除杂灌杂草,水平条带状堆积。依地形地势走向,按行距30 cm开挖深8~12 cm、宽15~20 cm的水平种植沟。

(3) 栽植技术。

秋至春季种植。种植时在种植穴中放入少量的钙镁磷肥,按株距25 cm放入种苗,盖土。栽植深度以根茎顶部低于地面3 cm为宜。种植前土壤需打松并使其稍微湿润,再用拇指轻轻压每一个根茎,直到根茎大部分都没入土中,这种方法称作"指压法"。

(4) 管理技术。

除草、松土、施肥:栽后视杂草生长状况,及时除草、松土,要注意不要伤到鸢尾的根系;还应根据鸢尾生长情况,酌情追施适量的复合肥,当花茎从叶丛中抽出时,增施1~2次复合肥。

防旱排涝:生长季节需保持土壤湿润,雨季或每次大雨后要及时排出多余的积水,防烂根。

支撑:在生长期内当植株高度超过60 cm时,为植株设置支撑物,避免植株倒伏,随着植株的生长,支撑物也相应升高。

越冬管理:鸢尾在南方林下冬季地上部分枯萎后,盖上干草可安全越冬。

采收、加工及储藏:鸢尾作为鲜切花材料栽培的,于春天,当花葶以下3 cm着色时便可采收。采收后,将花朵立即扎成捆,放入冷藏室内;鸢尾作为药用花卉栽培的,秋季采挖根茎,晒干储藏。

7.7　城市、村镇绿化美化

7.7.1　基本状况

河南省18个省辖市和107个县(市、区)城市建成区总面积460.51万亩,其中已绿化面积113.81万亩,城市绿化覆盖率24.71%。全省1 895个乡镇和47 603个行政村的建成区总面积2 199.13万亩,其中已绿化面积688.26万亩,村镇绿化覆盖率31.30%。

皂荚在城镇绿化中应用模式:皂荚作园景树和风景林。皂荚叶、花、果美丽特别,可作为园景树和风景林。春季,皂荚繁茂的叶片使其具有精细的质感;夏季,串串黄白色的花絮带着清幽的花香挂满枝头;秋季至第二年春季,黑棕色肥厚硕大的荚果悬挂在枝头十分壮观。将皂荚应用于园林绿地中,城市园林景观将更加丰富多彩;也可在绿地中片植成风景林,可与观花灌木、常绿树种、色叶树种搭配,形成多变的四季景观。

另外,皂荚根系深广,适应性强,对城市Cl_2、SO_2以及铅、镉等重金属污染有较强的抗性,并且对大气中的细菌和真菌有抑制作用,因此是工矿区、污染较严重的城区绿化环保树种。据报道,在烟尘、SO_2污染相当严重的贵阳市,皂荚仍枝繁叶茂,果实累累,未患病虫害,表明皂荚对污染有良好的适应性。

7.7.2　配置模式

7.7.2.1　环城林带配置模式

环城林带宽度达到50~100 m以上。

1.平原区防风固沙林带

林带整体宽度为80 m,从外至内(城外向城内)依次为:

第一层:林带宽度40 m,设计为8~10行乡土树种皂荚、旱柳交替成片栽种,株距为3~4 m,行距为4~5 m。

第二层:林带宽度为30 m,设计为6~10行常绿树种侧柏和香花槐交替成片栽种,株距3~4 m,行距为3~5 m。

第三层:林带宽度为10 m,设计为4~10行火棘、紫穗槐交替成片种植,株距为1~2 m,行距为2~3 m。

2. 平原区风景林带

林带整体宽度为50~60 m,从外至内(城外向城内)依次为:

第一层:林带宽度为20~30 m,设计为皂荚4~7行,株距为3~4 m,行距为4~5 m。

第二层:林带宽度为20 m,设计为梧桐、香椿株间混交3~4行,株距为3~4 m,行距为4~5 m。

第三层:林带宽度为8 m,设计为紫荆、木槿(或大叶女贞)块状交替,团块长度20 m,株距为1.5~3 m,行距为2~3 m。

第四层:林带宽度为2 m,设计为小叶女贞、红瑞木块状交替,团块长度20 m,栽植密度25~35 株/m^2。

7.7.2.2 城郊森林配置模式

1. 平原区

1) 乔、灌、草近自然混交林

以杨树、柳树、皂荚、国槐为主,各树种结合地形以片林形式分布,株距3~4 m,行距4~6 m,形成森林的骨架。各乔木林之间种植刺玫、紫荆、绣线菊等2~3个树种混交的带状,或乔灌混交片林或团状灌木林,占整个森林面积的40%。小乔木株距3~4 m,行距3~5 m;灌木株距1.5~3 m,行距2~3 m,低矮灌木株距为1~2 m。

2) 雪松与皂荚混交林

该造林模式采用常绿与落叶、针叶和阔叶混交的模式,大多采用园林绿化树种,既能够防风固沙,涵养水源,净化空气,改善生态环境,又能够起到很好的景观美化效果。种植方式:雪松4行,皂荚4行,带状交替混交栽植。造林密度:雪松为株距4~5 m,行距5~8 m;皂荚为株距3~5 m,行距4~5 m。片林最外围以1行栾树点缀,株距3~5 m。皂荚可替代树种有银杏、白蜡、枫杨、国槐等。

2. 平原、沙区及丘陵土层深厚区

皂荚(替代树种楸树)与紫穗槐混交林:该模式为乔灌混交林,充分利用空间和地力,层次结构稳定,能够防风固土,有利水土保持,具有很好的生态效益,种植设计为皂荚(替代树种楸树)、紫穗槐行间混交方式。皂荚株距3~5 m,行距4~5 m;紫穗槐穴状栽植,穴距1.5 m×2 m左右。

7.7.2.3 村镇绿化模式

围村林绿化模式如下。

1. 重点村镇的重点部位、窗口部位林带

林带宽度50 m以上,采用乔灌复层结构的绿化模式,从外至内依次是35~40 m宽的乔木林层、5~10 m宽的小乔木或灌木林层、2~5 m宽的地被植物层。

乔木林层:设计为8~10行的乡土树种,如皂荚、楸树、栾树、枫杨、国槐、臭椿等,1~2个树种带状种植。株距3~4 m,行距3~5 m。

小乔木或灌木林层:设计为2~5行观花观叶树种,如桂花、紫荆、木槿、紫薇等,1~2个树种交替带状种植。株距1.5~3 m,行距2~3 m。

地被植物层:设计为连翘、紫穗槐、波斯菊、野菊花等团簇状栽种。

2. 一般村镇的重点部位、窗口部位林带

林带宽度20 m以上,采用乔灌结合的绿化模式,从外至内依次是15~18 m宽的乔木林层、2~5 m宽的灌木林层。

乔木林层:设计为4~6行的乔木树种,如皂荚、栾树、旱柳、泡桐、国槐、臭椿等,1个树种带状种植。株距3~4 m,行距3~5 m。

灌木林层:设计为1~2行观花观叶树种,如紫荆、紫薇、连翘、紫穗槐、胡枝子等,1~2个树种交替带状或片状种植。株距1.5~2 m,行距2~3 m。

3. 其他部位林带

林带宽度为10~20 m,以“品”字形种植高大乔木树种3~5行,树种根据具体地理环境要求可选用皂荚、臭椿、香椿、核桃、银杏。株距为3~4 m,行距为3~5 m。

7.8　生态廊道网络

7.8.1　基本状况

生态廊道网络,包括南水北调中线干渠及河南省范围内所有铁路(含国铁路、地方铁路)、公路(含国道、高速公路、省道、县乡道、村道、景区道路等)、河渠(含黄河、淮河、长江、海河四大流域的干支流河道及灌区干支斗三级渠道)及重要堤防(主要指黄河、淮河堤防)。

河南省现有廊道总里程20.17万km,其中现有廊道里程19.15万km,规划期内新增廊道里程1.01万km。在现有廊道里程中,适宜绿化里程16.32万km,已达标绿化里程4.25万km,已绿化但未达标里程6.08万km,未绿化里程5.99万km。未来将建成以增加森林植被,构建森林景观为核心,高起点、高标准、高质量地建成绿化景观与廊道级别相匹配,绿化布局与城乡人文环境相协调,集景观效应、生态效应和社会效应于一体的生态廊道。

皂荚树干较直,分枝点高,树冠宽大,抗性强,耐干旱盐碱,适合道路环境,可做行道树,由于其具有宽大的冠幅,因此也是广场、高尔夫球场等大面积草坪上栽植大树的首选。皂荚寿命长,200年树龄的树种仍在旺盛生长期,符合节约型园林绿化的要求。近年来,皂荚越来越多地被运用在道路绿化工程中,仅在四川绵阳至江油的“绵江路”两旁就配置皂荚树860多株。

7.8.2　配置模式

7.8.2.1　乔灌花结合

乔木可选择皂荚(或国槐、银杏、栾树等),株距为3~4 m。

花灌木可选用紫薇(或桂花、樱花、木槿、紫荆、海桐、黄杨、小檗等),株行距2 m×2 m。

低矮地被植物可选用月季(或红花酢浆草、葱兰等)。

7.8.2.2　以栽种乔木为主

主要可选用树种有皂荚、楸树、国槐、广玉兰、白蜡、臭椿、合欢等。株距为3~5 m。

第8章 野皂荚嫁接改良

野皂荚在河南省太行山、伏牛山及黄土丘陵区等立地条件差的荒山荒地广泛分布，常与黄荆条、野酸枣、化香、黄栌、黄连木、槲栎等混生在一起，由于野皂荚根系发达，耐寒、耐旱、耐贫瘠，适应性强，可以生长在这些立地条件上。野皂荚的刺小，产量低，且药效差，药用价值低，一直以来被作为山林中杂灌被割除。近年来，由于皂荚刺和种子用途被研究开发，其价值越来越被关注，皂荚的开发利用也受到重视，在河南省发展迅速，如果能充分利用这些野皂荚的资源，改接皂荚良种，发展皂荚产业，对这些地区农民的生产、生存将做出极大贡献。目前，河南太行山、伏牛山、黄土丘陵区等区域共有73万hm^2荒山、丘陵，生长有野皂荚的约6万hm^2，如果将这类荒山、丘陵上生长的野皂荚改良嫁接后，加强抚育管理，可年增加收入50亿元。同时，在平原区53.7万hm^2沙化土地，特别是2.8万hm^2宜林沙荒地，推广栽植皂荚良种，将取得很好的经济效益和生态效益，对河南省荒山、丘陵、沙地治理，改善这些区域生态环境，巩固退耕还林成果，帮助农民脱贫致富将起到积极作用。

2013年春，作者在河南省郑州市黄河旅游区邙山黄土丘陵区、鹤壁市鹤山区、焦作市博爱县月山镇太行山区立地条件非常差的荒山上，利用当地野皂荚做砧木，接穗采用河南省林业科学研究院选育的皂荚优良乡土良种——硕刺皂荚和密刺皂荚，对当地野皂荚采用切接法进行嫁接，取得了很好的效果。在鹤山区姬家山乡的荒山上，嫁接密刺皂荚和硕刺皂荚，嫁接成活率均在90%以上；在博爱县月山镇荒山上，嫁接密刺皂荚和硕刺皂荚，嫁接成活率均达85%以上。截至2015年秋，各地嫁接后皂荚成活率和当年基本一样，长势良好。

8.1 野皂荚嫁接

8.1.1 品种选择

皂荚长期以来一直处于粗放管理状态，由于人为采伐利用和其自生自灭过程,在我国境内现已找不到完整的天然群体,仅保留残次疏林、家系(丛、簇)或散生木,群体处于濒危状态。随着皂荚经济价值的提高,皂荚研究越来越受到专家、学者关注。中国林业科学研究院、南京野生植物研究所、河南省林业科学研究院等科研机构开展了大量皂荚研究,相继选育出了优良家系和品种。河南省林业科学研究院选育优良刺用皂荚良种“硕刺皂荚”和“密刺皂荚”,2012 年通过河南省林木品种审定委员会审定,并在河南省推广示范,效益显著。根据河南省林业科学研究院对硕刺皂荚产刺量测定,在管理条件较好的示范林内:第 3 年产刺 1.0 kg,第 4 年产刺 1.5 kg,第 5 年产刺 1.8 kg,第 6 年产刺 2.0 kg,比河南当地普通皂荚增产 50%。

8.1.2　嫁接方法

采用切接和插皮接:切接是在早春树液开始流动、芽尚未萌动时,在离地面高度 10 ~ 20 cm,选择树干光滑处,用手锯截断,截面要光滑平整,剪去砧木上的小枝和刺,在断面皮层内略带木质部的地方垂直切下,深度略短于接穗的长斜面,宽度根据接穗切面大小而定,一般与接穗直径相等或略大于接穗直径。将硕刺皂荚母树一年生健壮枝条,截成 3 ~ 4 cm 的接穗,带 1 ~ 2 芽为宜,把接穗削成两个斜面,长斜面 2 ~ 3 cm,在其背面削成不足 1 cm 的小斜面,使接穗下面呈扁楔形。把接穗大斜面向里,插入砧木切口,使接穗与砧木的形成层对准靠齐,如果不能两边都对齐,至少一边对齐。接好后用塑料布绑紧,包括接穗上部。嫁接后,及时除去砧木上的萌生枝,保证接穗正常的养分和水分供应,使接穗生长旺盛。

根据山西林业科学研究院郝向春等研究,砧木粗度在 3.0 cm 以内,接穗的生长与砧木粗度呈正相关,即砧木越粗接穗生长量越大。大于 3 cm 时,接穗生长量无显著差异。砧木粗度对野皂荚嫁接成活率的影响不大,但砧木越粗,接穗的生长量越大。因此,在选取砧木时,要尽可能保留地径较粗、树势旺盛的野皂荚进行嫁接。

8.2 抚育管理

8.2.1 割灌

对荒山、荒坡不能全部深翻除去的灌木丛和野草及时割除,防止由于杂灌生长过快,影响接穗的生长。同时割灌后可以很好地防止火灾。

割灌方式:

(1) 全面割灌整地。在野皂荚天然灌木林地上(除保留选取做砧木的),割除全面灌木与杂草。

(2) 带状割灌整地。在野皂荚天然灌木林地上,保留 2 m 宽不动,割除带宽 2 m 的灌木和杂草。

(3) 局部割灌穴状整地。在坡度较陡,生境破碎、石砾较多等立地条件差,不适宜较大面积割除杂灌时,采用局部穴状割灌整地,可与修树盘结合进行。

调查发现,全面割灌与局部割灌、带状割灌的苗高、基部粗度差异显著,带状割灌和全面割灌的苗高、基部粗度差异不显著。全面割灌对原生植被破坏严重,减少了灌木与杂草的多样性,水土流失严重;带状割灌基本保持了原生地的物种多样性,水土流失较小。从投入成本来看,全面割灌整地为 9 000 元/hm^2,带状割灌整地 6 000 元/hm^2,局部割灌整地为 3 000 元/hm^2。就生态效益、经济投入、苗木生长的综合比较,带状割灌整地为野皂荚灌木林地改造的最优模式。

8.2.2 修树盘

在嫁接皂荚的野皂荚根部周围时,应将杂灌和野草深翻覆盖,若条件不允许,则应将树盘 80 ~ 100 cm 范围内深翻清理干净,保持皂荚周围的土地疏松透气,清理越冬的病菌和虫卵。同时,根据山坡地形,在地势较平坦的地方,修圆形树穴,在地势较陡的地方,修筑鱼鳞坑,以便在降雨时形成汇水坑,增加土壤墒情,促进皂荚生长。

8.2.3　施肥

嫁接后应立即浇水,没有灌溉条件的,要做好嫁接处的遮阴及保湿处理。接穗成活后,结合浇水或天然降雨机会,增施肥料,多次少量,每株苗施0.25 kg复合肥料。有条件的地方,可每株苗施5~10 kg农家肥。

8.2.4　修剪整形

由于野皂荚嫁接硕刺皂荚两者生长速度不一致,起初砧木较粗,根系发达,嫁接后,硕刺皂荚生长速度较快,5~10年后,粗度会超过砧木且越来越明显,形成“小脚”现象。同时,由于山坡上风速较大,易将树干折断,所以整形和修剪要根据生长情况,控制树势。既有利丰产,同时又注意树干安全。通常采用多主枝二层开心形或疏散分层形。

8.2.5　病虫害防治

由于立地条件差,皂荚长势相对差些,容易发生病虫害,主要病虫害有白粉病、煤污病、枝枯病及蚜虫、蚧壳虫、天牛等,要及时做好防治工作。河南省太行山区、黄土丘陵区,4~6月天气温度升得快,但雨水较少,极易发生蚜虫危害。蚜虫严重危害皂荚的嫩枝叶生长,要及时喷洒农药防治。

根据河南省林业科学研究院皂荚课题组研究,由于野皂荚已在当地生长多年,根系牢固,地径也多为2~8 cm,嫁接成活后,接穗生长速度较快,当年11月生长期结束后测量接穗,粗度平均达1.08 cm,高达0.81 m,第2年则粗度达2.13 cm,高达1.56 m。嫁接硕刺皂荚后第2年有60%的皂荚已经开始长刺,抽样统计每株产刺0.2 kg。上述荒山立地条件差,但是适合皂荚生长,皂荚表现良好,进入正常稳定产刺期,可按比正常稳定产刺量低的产量计,按每株1.8 kg产量计算,价格按现在同类刺价格100元/kg,荒山平均每公顷嫁接750株,6年后进入产刺稳定期,每公顷可收入13.5万元,除去管理、采摘成本,每公顷可净收入7.5万元,同时硕刺皂荚生长到8年以后,达到生殖发育成熟阶段可以结果,生产皂荚荚,皂荚荚也是一种很好的多用途原料,经济价值高,可产生很好的经济效益。

第9章 良种皂荚投资效益分析

为了使广大林农、投资商能够直观、全面地了解投资皂荚良种示范基地建设项目情况,以在中原地区发展皂荚空间较大的黄土丘陵区,建设一个500亩的皂荚基地项目为例,对项目的投资和经济效益进行分析。

9.1 项目建设的意义

9.1.1 中原丘陵山区农村种植结构调整,农民脱贫致富的需要

中原地区农村地域广袤,人口众多,情况千差万别,发展很不平衡。以河南省为例,丘陵山区面积7.4万km^2,占国土总面积的44.3%,而且有53个扶贫开发重点县,尤其是人口众多的太行山、伏牛山、大别山、黄河滩区("三山一滩"地区),脱贫致富任务依然非常艰巨。这些地区农业如何发展、农民怎么增收,已成为影响河南省农村全面建成小康社会的重要因素之一。

由于耕地稀缺,山区缺少大力发展粮食作物的有利条件,但独特的地理位置和气候条件,使山区有着发展特色经济林的自然禀赋。据2013年河南省第八次森林资源清查数据,仅河南省在山区丘陵就有适宜造林的宜林地849.6万亩。所以,在山区大力发展林业,大面积营造适宜山区生长的皂荚林基地,是中原丘陵山区农村种植结构调整及农民脱贫致富的首要选择,也是尊重客观规律的发展需要。

9.1.2 人民群众对皂荚产品需求日益增大的需要

从需求市场上看,随着人民群众生活水平的提高,对生活的追求逐渐由温饱型向健康型、舒适型转变,对皂荚产品的需求日益增大;另一方面,从供给市场上看,皂荚在我国虽然分布很广,但长期以来,由于人为采伐利用和自生自灭过程,在我国境内现已找不到完整的皂荚天然群体,仅保留残次疏林、散生

木，群体处于濒危状态。

目前，基于皂荚的良好生物学特性和作为绿色产业化原料的开发利用广阔前景，皂荚日益受到专家和林农的重视。因此，建设皂荚良种栽培技术示范基地，大力发展皂荚产业，是人民群众对皂荚产品需求日益增大的需要。

9.2　市场供求分析

9.2.1　市场需求分析

皂荚树浑身是宝，是一个多功能生态经济型乡土树种，广泛用于营造防风固沙林、水土保持林、城乡景观林、工业原料林、木本药材林等，为社会提供皂荚果、皂荚刺、皂荚种子工业原材料和木本药材的同时，还在生态建设方面发挥着显著的生态效益。皂荚刺，又称皂荚针、天丁、皂针等，为豆科落叶乔木植物。皂荚树的棘刺，具有消肿排毒、排脓、杀虫等功效，中医临床用于痈疽肿毒，均有较好的治疗效果，一般表现为脓未成者可消，脓已成者可使之速溃，现代抗癌药理研究表明，皂荚刺具有抗癌抑癌功效。皂荚刺为皂荚树的枝刺，药用价值极高。近年来作为抗癌、抑癌的主要中药，临床实验疗效神奇，效果十分显著，副作用小，是中医治疗乳腺癌、肺癌、大肠癌等多种癌症常用的配方药材之一，目前在国际市场上货缺价高。采用现代分离技术从皂荚刺分离制备医药中间体，是进一步提高皂荚资源综合利用价值的重要途径。

皂刺货源多是野生资源，生长周期较长，需求量逐年增加，近年来，由于皂荚树的生长环境遭到破坏，皂荚刺的生长资源也随之严重减少。现在刚栽的皂荚树至少还要三四年，小树刺小，含量也没有野生的含量高，因此短期内，家种资源没有成效。皂刺小三类品种，产量不大，销量也不多，近年来随着物价的上涨，皂刺也表现出了超凡脱俗的价格。早在2008年，皂刺就属于货缺价高的冷备首选品种；2009～2010年，皂荚刺不能满足药用需求，上市无量，供求的矛盾日渐突出；2010年，随着人工费用的提高和采收难度的增大，产地新货产量降低，市场一般通货售价55～60元/kg，好通货稳定在60～65元/kg，优质选货高达70元/kg左右；2011年产新，农民采集人员减少，新货产量不大,市场大货难求,2011 年,尽管药市疲软药价下跌,但皂刺价格仍然坚挺趋升,大皂刺通货售价 85 ~ 90 元/kg,小皂刺通货售价 60 ~ 70 元/kg,部分商家开始惜售货源;2012 年皂刺产新,价高刺激上市量增多行情回落,但由于资源紧缺,价格没有大幅走低;2013 年,皂刺需求不断扩大,但资源有限,产量供不应求,货源持续紧张,市场行情再次攀升,致使河南正品大皂刺价格突破 150 元/kg,小皂刺随着涨到 90 ~ 100 元/kg。2014 ~ 2015 年大皂刺稳中有升,价格在 150 ~ 170 元/kg,小皂刺还是 90 ~ 100 元/kg。

皂荚果是医药、保健品、化妆品及洗涤用品的天然原料。皂荚荚果中含有皂荚素,成分呈中性,泡沫丰富,易生物降解,对皮肤无刺激,是一种很有潜力的强极性非离子的天然表面活性剂。可以用作丝绸及贵重金属洗涤剂、饮料起泡剂、各种香辛料的乳化剂,是一种医药、食品和日用化工等方面有着广泛应用前景的绿色天然物质。

皂荚种子入药可消积、化食、开胃。因皂荚种子含有一种天然食用植物胶叫皂荚豆胶,又名皂荚糖胶、皂荚子胶,可用于替代进口瓜尔豆胶,是重要的战略原料,可作为天然食品添加剂、高效增稠剂、黏合剂、稳定剂等应用于食品、石油、造纸、印染和选矿等多种工业中。

皂荚种子含胶量很高,从中提取的植物胶,具备与瓜尔胶相似的胶体,并且胶体性质比瓜尔胶更优质。我国对植物胶的年需求量在 4 万 t 以上,但我国年产量不足 3 000 t,远远不能满足市场的需求,绝大部分植物胶依赖进口国外的瓜尔胶,严重制约我国应用植物胶的各个领域。除用耗费大量粮食生产的相关物质作为代用品外,每年还要花 4 亿元的资金从国外进口瓜尔胶。而我国科学家从皂荚种子中分离出来的皂荚植物胶与进口的瓜尔胶具有相似的胶体性质,并且皂荚种子含胶量高达 30% ~ 40%,远远高于草本植物的含胶量。所以,在一定时期内,我国的对皂荚果、皂荚种子市场需求还处于供不应求状态。

9.2.2 皂荚产品供给能力分析

从目前来看,在未来 7 ~ 8 年内,皂荚产品供给能力还不能满足市场需求。

(1) 皂荚在历史上一直处于自生自灭状态,皂荚大树进城所营造的良好园林景观效果而使其身份倍增。目前，一株胸径 50 cm 的皂荚大树在乡下售价已超万元，巨额的利益诱惑已经使农村原生的皂荚树资源遭受了巨大破坏，已处于濒临灭绝状态。皂刺货源紧缺，各产区减产严重，即使产新，也没有多少货源，因为皂刺价格逐年攀升，刺激产地毁灭性地采集，人们为了获取更大的利益，不顾野生皂荚树的死活，有的竟把大树上的树枝条扳掉，更有甚者把树放倒，“杀鸡取卵”。价格的不断攀升，给野生皂荚树带来了毁灭性的破坏。十多年来，人工工值不断提高，采摘难度不断增大，生产资源逐年减少，拉运困难，费用较高，如此诸多因素都会导致皂荚刺的价位还会持续稳定走高。

(2) 皂荚人工栽培是近十年的事情，相比于苹果等栽培历史长的经济林品种，皂荚从品种选育、采种、育苗、造林、整形修剪、病虫防治等方面均处于起步阶段。新造林到稳产期要 7 ~ 8 年。

(3) 国内皂荚栽培基本处于群众自发状态，不像苹果、板栗、银杏、柑橘等经济林往往有地方政府的大规模发展规划与强力经济扶持政策，栽培总量非常少。以嵩县为例，往往哪个村有一片产生效益的皂荚树，才能带动附近村民少量发展。再加上农村土地划分为三等九级，分到每户的承包地过于零星，常常一个农户承包的地块单块面积在 2 分至 1 亩，自己的承包地里要种皂荚树，还要顾及四周地邻的反应。

总之，皂荚产业正处于快速发展阶段，市场远远还未达到饱和，其市场潜力巨大。

9.3　项目风险评估

9.3.1　效益风险评价

9.3.1.1　效益风险因素识别

影响项目效益的因素主要有成本、产量、产品价格、投资以及收获时间能否达到设计目标。效益的风险分析主要针对这些因素进行。

(1) 产量的预测留有一定空间，按集约经营营林水平，达到盛产期后皂荚刺产量可达 277.5 kg/亩，皂荚果产量可达 1 665 kg/亩；本方案按皂荚刺

199.8 kg/亩计算,皂荚果产量可达1 110 kg/亩;相当于略高于目前一般经营水平,留有较大余地。如按集约经营,产量理应有所提高,但其变动空间范围不是很大。所以,产量因素对项目效益的影响不是很大。

(2) 本项目成本的构成主要是肥料、农药、水电费、劳务费、地租等,肥料、农药市场货源充足,大幅上涨和下跌的可能性也不大。但随着市场经济的发展,水电资源、劳动力资源和土地资源的价值上涨空间比较大,所以把这些因素作为风险分析的主要因素。

(3) 产品的价格略低于目前市场价格。目前,市场上皂荚产品价格上扬,但随着皂荚栽植面积的逐渐增加,产品的价格会随之下降。因产品价格受市场经济的影响比较大,所以该因素作为风险分析的主要因素进行分析。

(4) 相对本项目来说,建设材料、用工费等物价容易发生变化,从而引起投资额的变化,对项目的效益产生影响,所以风险分析时把投资作为主要因素进行分析。

9.3.1.2 效益风险因素分析

针对以上的风险因素识别,本书进行效益风险分析时,产量及其他风险因素在本方案中变动的空间不大,所以不考虑其变动情况;仅对投资、成本和产品价格三种主要风险因素的变化引起的效益变化进行分析。

1.盈亏平衡分析

盈亏平衡点(*BEP*)的计算:以稳产后(第8年以后)的生产能力为计算数据,计算项目盈亏平衡时的生产能力利用率。

BEP(生产能力利用率)=年固定成本/(年销售收入-年可变成本-年销售税金及附加-年增值税)×100%

=62.49/(1 078.7-411.99-0-0)×100%=9.37%

从计算结果看出,基本方案的盈亏平衡点即生产能力利用率为9.30%。因此,项目生产经营上有很强的抗风险能力。盈亏平衡分析详见图9-1。

2.敏感性分析

对产品产量(或价格)、造林投资、经营成本三项指标进行逆向20%变动预测分析,计算财务净现值、内部收益率和投资回收期,结果如表9-1所示。

通过敏感性分析表明,在产量或价格下降20%导致收入下降20%、或经营成本上升 20% 或投资增加 20% 的情况下，财务内部收益率均大于社会折现率，财务净现值也大于零。说明项目有较强的抗风险能力和获利能力。其中，收入下降最为敏感。因此，提高产量和稳定产品价格是获取良好财务效益的关键手段。

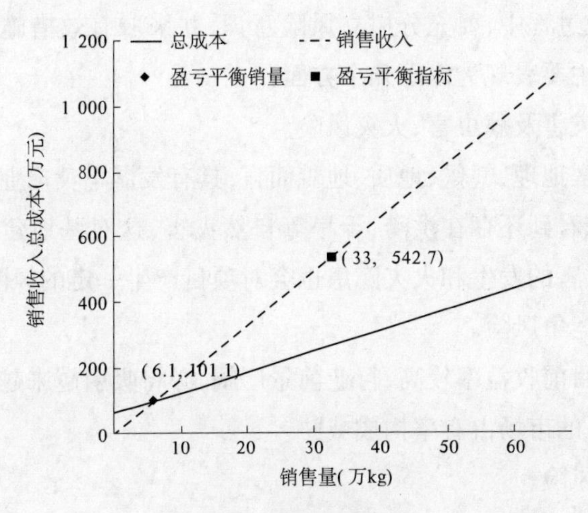

图 9-1　盈亏平衡分析

表 9-1　敏感性分析

变动因素	财务评价(所得税前)	
	内部收益率(%)	净现值(折现率 10%)(万元)
本方案	42.59	3 127.87
收入下降 20%	32.44	1 853.91
经营成本上升 20%	37.42	2 550.78
投资增加 20%	39.04	3 056.59

9.3.1.3　效益风险因素对策

为了减少项目效益风险，从风险对策上，本项目的实施要抓住产品价格和经营成本这两个主要的风险因素，采取有力措施，保证项目实施成功。一是要加强管理，采用先进的管理技术，提高工作效率，降低生产经营成本；二是要增强项目的科技含量，采用栽培新技术，生产出优质的皂荚刺、皂荚果和皂荚种子，增强项目产品的市场竞争力。

9.3.2　其他风险因素分析及对策

建设皂荚基地是高效产业，也是高风险产业。它的健康发展受到自然因素和社会经济因素的制约，所以，除了效益风险因素还有其他风险因素。因此，在项目建设过程中，要充分树立风险意识，并采取有效措施，防范于未然。其他风险因素主要表现为以下几个方面：

(1) 自然灾害及病虫害、火灾风险。

就中原地区地理、气候、地质、地貌而言，具有发展皂荚产业的优越自然条件，但是也应该看到还存在洪涝、干旱等自然灾害，这对基地建设构成一定威胁。另外，病虫害的发生和火灾隐患也会对项目产生一定的风险。

(2) 行业竞争风险。

皂荚产业目前收益率较高，行业前景广阔，必将吸引越来越多的同行参与竞争，对本项目的市场占有率构成威胁。

(3) 技术风险。

本项目是对皂荚营造栽培技术的综合集成，每个生产环节的技术措施和每次措施是否到位，直接影响着产品的数量和质量乃至经济效益。

(4) 经营管理风险。

皂荚生产具有周期相对较长的特点，这与市场需求的易变性形成尖锐矛盾。一旦决策失误，皂荚基地将遭受严重损失。此外，如果在栽培、采集、包装、储运、储存和销售过程中有一个环节把握不好，就可能严重影响项目盈利。

针对以上的其他风险因素识别，需要采取以下对策：

(1) 自然灾害及病虫害、火灾风险对策。

为了提高皂荚基地抵御自然灾害的能力，在项目规划和建设时，根据小地理环境，应尽量避开易受灾害区域，加强抗风、抗低温和水利等基本建设；同时加强皂荚基地的防灾、抗灾能力，一旦灾害发生，应尽全力抗灾，把自然灾害带来的损失降低到最低限度。

项目所处位置位于缓坡上，防止了洪涝灾害的发生；对于干旱，本项目设计了灌溉设施，可以有效地规避干旱风险；基地的防火以防为主，消防结合；对于病虫害的发生，只要加强病虫害防治管理，不会发生大面积的病虫害。

(2) 行业竞争风险对策。

面对日益激烈的竞争,项目建设结合自身优势拟定采用领先一步的差别化战略。具体措施包括:加强与技术依托单位的合作,不断提高产品质量,缩短产品生长周期,加快新品种的推出;在成本管理上,健全激励机制和约束机制,杜绝潜在浪费,从根本上长期有效地降低生产成本;在营销上,组织专门的营销队伍进行市场调研和科学预测,提高决策的科学性,降低决策失误。

(3) 技术风险对策。

为了保证项目的顺利实施,严格按照皂荚栽培技术操作。在黄土丘陵区实施的项目,要严格执行《黄土丘陵沟壑区人工造林技术规程》(LY/T 2358—2014)。

(4) 市场风险对策。

为了缓解皂荚生长周期长和市场需要易变的矛盾,本项目建设拟采取多类型综合经营的发展策略,选择多刺、多果、种子优良或树形优美的多个品种,避免品种单一的市场风险;另外,完善产品信息管理系统,以现代科技手段分析市场发展趋势,掌握市场信息,提高对市场的应变能力。

9.4　项目投资估算与效益分析

9.4.1　投资估算

9.4.1.1　**估算依据**

《林业建设项目可行性研究报告编制规定》(试行)(国家林业局,2006年);

《林业建设项目初步设计编制规定》(试行)(国家林业局,2006 年);

《建设项目经济评价方法与参数》(2008 年);

《投资项目经济咨询评估指南》;

《中华人民共和国企业所得税法》(中华人民共和国主席令〔2007〕第 63 号);

《中华人民共和国企业所得税法实施条例》(中华人民共和国国务院令〔2008〕第 512 号)(10)。

建筑安装工程费用主要根据《河南省建筑安装工程预算定额》及取费标

准加以确定。

苗木、生产资料、建筑材料价格、产品价格、劳务费按市场现行价格估算。

9.4.1.2　投资估算

项目建设总投资 384.89 万元。其中,建安工程投资 313.36 万元,占 81.42%;设备购置投资 28.00 万元,占 7.27%;其他费用 43.53 万元,占 11.31%,详见表 9-2。

按构成分:工程直接费用 341.36 万元,占总投资的 88.69%。其中,水电费、苗木、农药、肥料等材料费 186.16 万元,占总投资的 48.37%;林地清理、整地、栽植、管护等劳务费 44.90 万元,占总投资的 11.67%;管护房、道路、输电线、机井、配电室配(含变压器)、灌溉设施和场区绿化等基础设施 82.30 万元,占总投资的 21.38%;购置拖拉机及配套机具、农用运输车、办公及病虫害防治设备等投资 28.00 万元,占总投资的 7.27%。工程建设其他费用 43.53 万元,占总投资的 11.31%。投资估算构成见表 9-2。

9.4.2　效益分析

9.4.2.1　经济效益分析

1. 基础数据

项目建设期 1 年,效益计算期按 18 年(含建设期 1 年);造林采用 1 年生皂荚嫁接苗,按 12 元/株;造林密度按 1.5 m×2 m,在第 5、第 6 年各间苗 25%,作为园林绿化苗用;造林的物资材料设备价格和劳务价格采用当地市场现价;管护成本根据当地劳务状况趋势确定,按每年每人 12 000 元计,列入工资;销售成本按产品售价的 20% 计,生产成本主要计算经营期抚育管理费用;劳动力价格按 100 元/工日;社会折现率按 10%;地租按 600 元/亩计算。

土建工程按 20 年折旧,每年折旧率 5%;机器设备和无形资产按 10 年折旧,每年折旧率 10%,详见表 9-3。

直接销售皂荚苗木、皂荚刺、皂荚果是农林业生产的初级产品,依据《中华人民共和国企业所得税法实施条例》(中华人民共和国国务院令〔2008〕第 512 号)第八十六条第一款第 3、4、6 条:从事中药材的种植、林木的培育和种植、林产品的采集的企业免征所得税。

表 9-2　项目投资估算表

序号	项目	规格型号（结构）	单位	单价（元）	数量	投资（万元）	投资构成（万元）			备注
							建安工程	设备购置	其他	
	合计					384.89	313.36	28.00	43.53	
1	工程直接费用					341.36	313.36	28.00		
1.1	材料费					186.16	186.16			
1.1.1	水电燃料费		项	20 000.0	1	2.00	2.00			
1.1.2	苗木	一年生嫁接苗	株	12.0	127 842	153.41	153.41			增加 15% 的补植苗木
1.1.3	农药		亩	20.0	500	1.00	1.00			
1.1.4	肥料		kg		625 000	29.75	29.75			
	复合肥等		kg	2.3	25 000	5.75	5.75			50 kg/亩
	有机肥		kg	0.4	600 000	24.00	24.00			1 200 kg/亩
1.2	劳务费					44.90	44.90			
1.2.1	林地清理	割灌除草	工日	100.0	750	7.50	7.50			每亩 1.5 个工
1.2.2	整地		工日	100.0	2 000	20.00	20.00			每亩 4 个工
1.2.3	栽植		工日	100.0	1 000	10.00	10.00			每亩 2 个工
1.2.4	抚育	中耕除草	工日	100.0	500	5.00	5.00			每亩 1 个工
1.2.5	管护		人/年	12 000.0	2	2.40	2.40			
1.3	基础设施工程					82.30	82.30			
1.3.1	办公、管护房	砖混	m^2	600.0	150	9.00	9.00			
1.3.2	干道		km	100 000.0	1	10.00	10.00			
1.3.3	作业道		km	20 000.0	2	3.00	3.00			
1.3.4	输电线		km	50 000.0	1	5.00	5.00			
1.3.5	配电室变压器		座	100 000.0	1	10.00	10.00			
1.3.6	机井（含设备）		眼	50 000.0	3	15.00	15.00			
1.3.7	蓄水池		座	30 000.0	3	9.00	9.00			
1.3.8	排水沟		km	5 000.0	4	2.00	2.00			
1.3.9	砖围墙		m	500.0	140	7.00	7.00			
1.3.10	防护栏		km	60 000.0	2	10.80	10.80			
1.3.11	场区绿化		项	15 000.0	1	1.50	1.50			
1.3.12	灌溉设施		项	100 000.0	1	10.00		10.00		
1.4	设备购置					28.00		28.00		
1.4.1	拖拉机及配套机具		辆	100 000.0	1	10.00		10.00		
1.4.2	农用运输车		辆	100 000.0	1	10.00		10.00		
1.4.3	办公设备		套	30 000.0	1	3.00		3.00		
1.4.4	病虫害防治设备		套	50 000.0	1	5.00		5.00		
2	工程建设其他费用					43.53			43.53	
2.1	前期咨询费		项	50 000.0	1	5.00			5.00	
2.2	技术培训费		项	直接费用的 2.5%	1	8.53			8.53	
2.3	租地费		亩	600.0	500	30.00			30.00	

2. 销售收入

皂荚刺产量按第 3 年 0.1 kg/株，第 4 年 0.2 kg/株，第 5 年产 0.8 kg/株，第 6 年产 1.2 kg/株，6 年以后 1.8 kg/株稳产；皂荚果产量从第 8 年开始按 10 kg/株计算。

产品价格 5 年生嫁接苗木按 130 元/株，6 年生嫁接苗木按 150 元/株，皂荚刺按 80 元/kg，皂荚果按 5 元/kg。

皂荚刺采摘费按 8 元/kg，皂荚果采摘费按 1.5 元/kg。

综合以上经济分析指标，在项目计算期内，可生产 5 年生嫁接苗 2.78 万株，6 年生嫁接苗 2.78 万株；生产皂荚刺 136.79 万 kg，皂荚果 611.38 万 kg。产品总销售收入 14 778.50 万元，详见表 9-4。

3. 总成本及经营成本估算

施肥按复合肥 50 kg/亩，有机肥 1 200 kg/亩；肥料价格按复合肥 2.3 元/kg，有机肥 0.4 元/kg。

油费按 3.00 万元/年，水电费按 100 元/亩。

工资及福利计算，按 2 个管护人员，每人 12 000 元/年；皂荚刺采摘 8 元/kg，皂荚果采摘 1.5 元/kg，5 ~ 6 年生皂荚树起苗运输 50 元/株；每年 0.4 万元的福利及劳保等费用。

修理费按折旧费的 5% 计算。

其他费用包括地租和销售费用，地租按 600 元/亩，销售费用按销售收入的 20% 计算。

经估算，经营期内项目总成本 6 813.97 万元，其中经营成本 5 802.69 万元，详见表 9-5。

4. 财务效益分析

财务现金流量分析表明：项目所得税前静态投资回收期为 5.0 年，所得税前财务内部收益率 42.59%。当折现率 10% 时，所得税前财务净现值 3 127.87 万元。净利润达 7 964.53 万元，投资利润率 114.96%。综合财务分析，说明该项目盈利能力很强，项目建设风险不大。详见表 9-6、表 9-7。

9.4.2.2　社会效益分析

皂荚项目的实施，通过造林、营林、产品销售每年可以直接新增 200 个就业岗位,同时带动育苗、药品等相关行业的发展,为促进林业跨越式发展、农业产业结构调整、新农村建设、增加林业经济效益做出重要贡献,是农民增收、企业赢利、社会科学发展的好项目,有着较好的社会效益。

9.4.2.3 生态效益分析

皂荚是优良的生态树种,其重要价值在已有树种中并不多见。皂荚树发芽早、落叶迟,绿叶生长期长,能调节气候,保持生态平衡,具有防风固沙、保持水土、净化空气的特性。皂荚树通过光合作用,吸进二氧化碳,吐出氧气,使空气清洁、新鲜。一亩皂荚树林每天能吸收67 kg二氧化碳,释放49 kg氧气,足够65~100个人呼吸使用;皂荚树根系发达,树高而冠大,能防风固沙,涵养水土,还能吸收各种粉尘,一亩皂荚树一年可吸收各种粉尘约60 t。皂荚最突出的优点是抗污染能力强,且具有吸收有害气体的作用。调查表明,皂荚在工业区表现出对SO_2、Cl_2、HF等有害气体极强的抗性,即使当其叶受到危害时,萌生的新叶恢复生长也很快,对城市SO_2、Cl_2以及铅、镉等重金属污染有较强的抗性,并且对大气中的细菌和真菌有抑制作用,是工矿区、污染较严重的城区绿化环保树种;树冠大,枝叶茂密,夏季具有非常强的遮阳效果,有很好的节能减排作用。皂荚树自身的保护功能,使其成为道路绿化的重要树种。皂荚树枝叶繁茂,夏日炎炎时它遮天蔽日给行人提供足够的阴凉。皂荚树能降低噪声污染,40 m宽的林带可减弱噪声10~30 dB,削减噪声的效果并不比"隔音墙"差,而且更胜一筹的是还能成为景观树。皂荚树的分泌物能杀死细菌,商场、车站每立方米空气中有400万~500万个细菌,空地每立方米空气中有3万~4万个细菌,皂荚树林里只有300~400个。皂荚是优良的杀虫(菌)剂,皂荚10倍水煮液对红蜘蛛杀虫率达100%;皂荚1 kg和洋地黄2 kg或野菊花30 kg煮水沸5 min过滤,对棉蚜杀虫率达90%以上;皂荚10倍水浸液对小麦秆锈病、叶锈病菌夏孢子发芽抑制效果为100%。因此,从皂荚中提取的纯天然植物杀虫剂对减少化学农药污染,生产无公害绿色食品和无公害中草药具有十分重要的意义。所以,该项目的实施,对项目区和周边区域生态效益有着显著的影响。

表 9-3 固定资产折旧、无形资产和其他资产摊销估算表

（单位：万元）

序号	项目	折旧及摊销年限	合计	折旧率	计算期（其中第1年为建设期）																	
					1	2	3	4	5	6	7	8	9	10	11	12	13	14	15	16	17	18
1	固定资产合计原值		341.40																			
	折旧费		294.40			18.47	18.47	18.47	18.47	18.47	18.47	18.47	18.47	18.47	18.47	15.67	15.67	15.67	15.67	15.67	15.67	15.67
	净值					322.89	304.42	285.95	267.48	249.01	230.54	212.07	193.60	175.13	156.66	140.99	125.32	109.65	93.98	78.31	62.64	46.97
1.1	土建工程	20																				
	原值		313.40	5.00%																		
	折旧费		266.40			15.67	15.67	15.67	15.67	15.67	15.67	15.67	15.67	15.67	15.67	15.67	15.67	15.67	15.67	15.67	15.67	15.67
	净值					297.69	282.02	266.35	250.68	235.01	219.34	203.67	188.00	172.33	156.66	140.99	125.32	109.65	93.98	78.31	62.64	46.97
1.2	机器设备	10																				
	原值		28.00	10.00%																		
	当期折旧费		28.00			2.80	2.80	2.80	2.80	2.80	2.80	2.80	2.80	2.80	2.80							
	净值					25.20	22.40	19.60	16.80	14.00	11.20	8.40	5.60	2.80	0.00							
2	无形资产、其他资产合计原值																					
	当期摊销费		43.48			4.35	4.35	4.35	4.35	4.35	4.35	4.35	4.35	4.35	4.33							
	净值					39.18	34.83	30.48	26.13	21.78	17.43	13.08	8.73	4.38	0.00							
2.1	无形资产	10																				
	原值		43.53	10.00%																		
	摊销费		43.48			4.35	4.35	4.35	4.35	4.35	4.35	4.35	4.35	4.35	4.33							
	净值					39.18	34.83	30.48	26.13	21.78	17.43	13.08	8.73	4.38	0.00							
2.2	其他资产																					
	原值																					
	摊销费																					
	净值																					

表9-4　销售(营业)收入、销售(营业)税金及附加和增值税估算表　（单位:万元）

序号	项目	税率	合计	计算期(第1年为建设期)																	
				1	2	3	4	5	6	7	8	9	10	11	12	13	14	15	16	17	18
	生产负荷				100%	100%	100%	100%	100%	100%	100%	100%	100%	100%	100%	100%	100%	100%	100%	100%	100%
1	营业收入		14 778.50			88.80	177.60	895.00	950.60	800.80	1078.70	1078.70	1078.70	1078.70	1078.70	1078.70	1078.70	1078.70	1078.70	1078.70	1078.70
1.1	出售6年生苗木营业收入		778.40					361.40	417.00												
	单价(元)							130.00	150.00												
	数量(万株)		5.56					2.78	2.78												
1.2	出售皂荚刺营业收入		10 943.20			88.80	177.60	533.60	533.60	800.80	800.80	800.80	800.80	800.80	800.80	800.80	800.80	800.80	800.80	800.80	800.80
	单价(元)					80.00	80.00	80.00	80.00	80.00	80.00	80.00	80.00	80.00	80.00	80.00	80.00	80.00	80.00	80.00	80.00
	数量(万kg)		136.79			1.11	2.22	6.67	6.67	10.01	10.01	10.01	10.01	10.01	10.01	10.01	10.01	10.01	10.01	10.01	10.01
1.3	出售皂荚果营业收入		3 056.90								277.90	277.90	277.90	277.90	277.90	277.90	277.90	277.90	277.90	277.90	277.90
	单价(元)										5.00	5.00	5.00	5.00	5.00	5.00	5.00	5.00	5.00	5.00	5.00
	数量(万kg)		611.38								55.58	55.58	55.58	55.58	55.58	55.58	55.58	55.58	55.58	55.58	55.58
2	营业税金与附加	免征																			
2.1	营业税																				
2.2	消费税																				
2.3	城市维护建设税																				
2.4	教育费附加																				
3	增值税	免征																			
	销项税额																				
	进项税额																				

表 9-5　总成本费用估算表

（单位：万元）

序号	项目	合计	计算期（其中第1年为建设期，第2～18年为经营期）																	
			1	2	3	4	5	6	7	8	9	10	11	12	13	14	15	16	17	18
	生产负荷			100%	100%	100%	100%	100%	100%	100%	100%	100%	100%	100%	100%	100%	100%	100%	100%	100%
1	外购原辅材料费	522.75		30.75	30.75	30.75	30.75	30.75	30.75	30.75	30.75	30.75	30.75	30.75	30.75	30.75	30.75	30.75	30.75	30.75
	其中：肥料	505.75		29.75	29.75	29.75	29.75	29.75	29.75	29.75	29.75	29.75	29.75	29.75	29.75	29.75	29.75	29.75	29.75	29.75
	生物农药	17.00		1.00	1.00	1.00	1.00	1.00	1.00	1.00	1.00	1.00	1.00	1.00	1.00	1.00	1.00	1.00	1.00	1.00
2	外购燃料及动力费	136.00		8.00	8.00	8.00	8.00	8.00	8.00	8.00	8.00	8.00	8.00	8.00	8.00	8.00	8.00	8.00	8.00	8.00
	其中：油费	51.00		3.00	3.00	3.00	3.00	3.00	3.00	3.00	3.00	3.00	3.00	3.00	3.00	3.00	3.00	3.00	3.00	3.00
	水电费	85.00		5.00	5.00	5.00	5.00	5.00	5.00	5.00	5.00	5.00	5.00	5.00	5.00	5.00	5.00	5.00	5.00	5.00
3	工资及福利费	2 336.99		2.80	11.68	20.56	195.16	195.16	82.88	166.25	166.25	166.25	166.25	166.25	166.25	166.25	166.25	166.25	166.25	166.25
4	修理费	14.66		0.92	0.92	0.92	0.92	0.92	0.92	0.92	0.92	0.92	0.92	0.78	0.78	0.78	0.78	0.78	0.78	0.78
5	其他费用（地租、销售等）	3 465.70		30.00	47.76	65.52	209.00	220.12	190.16	245.74	245.74	245.74	245.74	245.74	245.74	245.74	245.74	245.74	245.74	245.74
6	经营成本（1+2+3+4+5）	6 476.10		72.47	99.11	125.75	443.83	454.95	312.71	451.66	451.66	451.66	451.66	451.52	451.52	451.52	451.52	451.52	451.52	451.52
7	折旧费	294.39		18.47	18.47	18.47	18.47	18.47	18.47	18.47	18.47	18.47	18.47	15.67	15.67	15.67	15.67	15.67	15.67	15.67
8	摊销费	43.48		4.35	4.35	4.35	4.35	4.35	4.35	4.35	4.35	4.35	4.33	0.00	0.00	0.00	0.00	0.00	0.00	0.00
9	利息支出																			
10	总成本费用（6+7+8）	6 813.97		95.29	121.93	148.57	466.65	477.77	335.53	474.48	474.48	474.48	474.46	467.19	467.19	467.19	467.19	467.19	467.19	467.19
	其中：固定成本	1 011.28		62.49	62.49	62.49	62.49	62.49	62.49	62.49	62.49	62.49	62.47	55.20	55.20	55.20	55.20	55.20	55.20	55.20
	可变成本	5 802.69		32.80	59.44	86.08	404.16	415.28	273.04	411.99	411.99	411.99	411.99	411.99	411.99	411.99	411.99	411.99	411.99	411.99

表9-6　利润及利润分配表　（单位：万元）

序号	项目	合计	计算期（第1年为建设期）																	
			1	2	3	4	5	6	7	8	9	10	11	12	13	14	15	16	17	18
	生产负荷			100%	100%	100%	100%	100%	100%	100%	100%	100%	100%	100%	100%	100%	100%	100%	100%	100%
1	营业收入	14 778.50			88.80	177.60	895.00	950.60	800.80	1078.70	1078.70	1078.70	1078.70	1078.70	1078.70	1078.70	1078.70	1078.70	1078.70	1078.70
2	营业税金及附加																			
3	总成本费用	6 813.97		95.29	121.93	148.57	466.65	477.77	335.53	474.48	474.48	474.48	474.46	467.19	467.19	467.19	467.19	467.19	467.19	467.19
4	补贴收入																			
5	利润总额（1－2－3＋4）	7 964.53		－95.29	－33.13	29.03	428.35	472.83	465.27	604.22	604.22	604.22	604.24	611.51	611.51	611.51	611.51	611.51	611.51	611.51
6	弥补以前年度亏损																			
7	应纳税所得额（5－6）	7 964.53		－95.29	－33.13	29.03	428.35	472.83	465.27	604.22	604.22	604.22	604.24	611.51	611.51	611.51	611.51	611.51	611.51	611.51
8	所得税																			
9	净利润（5－8）	7 964.53		－95.29	－33.13	29.03	428.35	472.83	465.27	604.22	604.22	604.22	604.24	611.51	611.51	611.51	611.51	611.51	611.51	611.51
10	期初未分配利润																			
11	可供分配的利润（9＋10）	7 964.53		－95.29	－33.13	29.03	428.35	472.83	465.27	604.22	604.22	604.22	604.24	611.51	611.51	611.51	611.51	611.51	611.51	611.51
12	提取法定盈余公积金	796.44		－9.53	－3.31	2.90	42.84	47.28	46.53	60.42	60.42	60.42	60.42	61.15	61.15	61.15	61.15	61.15	61.15	61.15
13	可供投资者分配的利润（11－12）	7 168.09		－85.76	－29.82	26.13	385.51	425.55	418.74	543.80	543.80	543.80	543.82	550.36	550.36	550.36	550.36	550.36	550.36	550.36
14	应付优先股股利																			
15	提取任意盈余公积金																			
16	应付普通股股利（13－14－15）																			
17	各投资方利润分配 其中：																			
18	未分配利润（13－14－15－17）	7 168.09		－85.76	－29.82	26.13	385.51	425.55	418.74	543.80	543.80	543.80	543.82	550.36	550.36	550.36	550.36	550.36	550.36	550.36
19	息税前利润	7 964.53		－95.29	－33.13	29.03	428.35	472.83	465.27	604.22	604.22	604.22	604.24	611.51	611.51	611.51	611.51	611.51	611.51	611.51
20	息税折旧摊销前利润	8 302.40		－72.47	－10.31	51.85	451.17	495.65	488.09	627.04	627.04	627.04	627.04	627.18	627.18	627.18	627.18	627.18	627.18	627.18

表 9-7 现金流量表

（单位：万元）

序号	项目	合计	计算期（第 1 年为建设期）																	
			1	2	3	4	5	6	7	8	9	10	11	12	13	14	15	16	17	18
1	现金流入	14 778.50			88.80	177.60	895.00	950.60	800.80	1 078.70	1 078.70	1 078.70	1 078.70	1 078.70	1 078.70	1 078.70	1 078.70	1 078.70	1 078.70	1 078.70
1.1	营业收入	14 778.50			88.80	177.60	895.00	950.60	800.80	1 078.70	1 078.70	1 078.70	1 078.70	1 078.70	1 078.70	1 078.70	1 078.70	1 078.70	1 078.70	1 078.70
1.2	补贴收入																			
1.3	回收固定资产余值																			
1.4	回收流动资金																			
2	现金流出	6 860.99	384.89	72.47	99.11	125.75	443.83	454.95	312.71	451.66	451.66	451.66	451.66	451.52	451.52	451.52	451.52	451.52	451.52	451.52
2.1	建设投资	384.89	384.89																	
2.2	流动资金																			
2.3	经营成本	6 476.10		72.47	99.11	125.75	443.83	454.95	312.71	451.66	451.66	451.66	451.66	451.52	451.52	451.52	451.52	451.52	451.52	451.52
2.4	营业税金及附加																			
2.5	维持运营投资																			
3	所得税前净现金流量(1－2)	7 917.51	−384.89	−72.47	−10.31	51.85	451.17	495.65	488.09	627.04	627.04	627.04	627.04	627.18	627.18	627.18	627.18	627.18	627.18	627.18
4	累计所得税前净现金流量		−384.89	−457.36	−467.67	−415.82	35.35	531.00	1 019.09	1 646.13	2 273.17	2 900.21	3 527.25	4 154.43	4 781.61	5 408.79	6 035.97	6 663.15	7 290.33	7 917.51
5	调整所得税																			
6	所得税后净现金流量(3－5)	7 917.51	−384.89	−72.47	−10.31	51.85	451.17	495.65	488.09	627.04	627.04	627.04	627.04	627.18	627.18	627.18	627.18	627.18	627.18	627.18
7	累计所得税后净现金流量		−384.89	−457.36	−467.67	−415.82	35.35	531.00	1 019.09	1 646.13	2 273.17	2 900.21	3 527.25	4 154.43	4 781.61	5 408.79	6 035.97	6 663.15	7 290.33	7 917.51
计算指标		所得税前		所得税后																
	项目投资财务内部收益率(%)	42.59%		42.59%																
	项目投资回收期(年)	5.0 年		5.0 年																
	项目投资财务净现值(万元)	3 127.87		3 127.87																

参考文献

[1] 刘元本,刘玉萃,等. 河南森林[M]. 北京:中国林业出版社,2000.
[2] 兰彦平,顾万春. 北方地区皂荚种子及荚果形态特征的地理变异[J]. 林业科学,2006(7):47-51.
[3] 兰彦平,周连第. 皂荚(属)研究进展及产业化发展前景[J]. 世界林业研究,2004(6):17-21.
[4] 骆玉平,底明晓,等. 皂荚种子催芽技术试验研究[J]. 河南林业科技,2014(3):19-21.
[5] 范定臣,董建伟,等. 皂荚良种选育研究[J]. 河南林业科技,2013(4):1-4.
[6] 沈熙环. 林木育种学[M]. 北京:中国林业出版社,2002.
[7] 南新印. 经济林乡土树种——皂荚[J]. 河北林业,2010(1):31.
[8] 苏金乐. 园林苗圃学[M]. 北京:中国农业出版社,2010.
[9] 毕胜,李桂兰. 山东猪牙皂的栽培管理技术[J]. 特产研究,1994(2):59-60.
[10] 何方. 中国经济林栽培区划[M]. 北京:中国林业出版社,2000.
[11] 韩丽君. 野皂荚嫁接皂荚技术研究[J]. 山西林业科技,2014(4):7-9.
[12] 赵泽明. 优良树种皂荚的苗木培育与造林技术[J]. 现代农业科技,2008(13):82-84.
[13] 刘长乐. 热水处理对山皂荚种子萌发的影响[J]. 林业科技,2012(1):35-37.
[14] 邵金良,袁唯,等. 皂荚的功能成分及其综合利用[J]. 中国食物与营养,2005(4):23-25.
[15] 邵金良,袁唯. 皂荚的功能作用及其研究进展[J]. 食品研究与开发,2005(2):48-51.
[16] 王蓟花,唐静,等. 皂荚化学成分和生物活性的研究进展[J]. 中国野生植物资源,2008(6):1-3.
[17] 梁静谊,安鑫南,等. 皂荚化学组成的研究[J]. 中国野生植物资源,2003(3):44-46.
[18] 李艳目. 皂荚树的利用价值与栽培技术[J]. 现代农业科技,2008(13):85-86.
[19] 郝向春,韩丽君,等. 皂荚研究进展及应用[J]. 安徽农业科学,2012(10):5989-5991.
[20] 顾万春,李斌. 皂荚优良产地和优良种质推荐[J]. 林业科技通讯,2001(4):10-13.
[21] 牛金伟,程晓娜,等. 皂荚优质丰产栽培技术[J]. 现代农业科技,2009(16):167.
[22] 亢美萍. 皂荚种子的发芽试验[J]. 科技情报开发与经济,2009(7):148-149.
[23] 张凤娟,徐兴友,等. 皂荚种子休眠解除及促进萌发[J]. 福建林学院学报,2004,24(2):175-178.

[24] 姚方,吴国新,等. 皂荚主要病虫害及综合防治[J]. 绿色科技,2013(8):172-174.
[25] 李宏,姚勇胜. 皂角造林与抚育技术[J]. 宁夏农林科技,2001(5):17-18.
[26] 郝向春,朝丽君,等. 果刺两用皂荚优良无性系选育研究[J]. 山西林业科技,2014(4):1-4.
[27] 姚方,吴国新,等. 规模化培育皂荚前景及技术措施研究[J]. 经济林导刊,2013(2):226-227.
[28] 张东斌,范定臣,等. 野皂荚嫁接改良技术[J]. 河南林业科技,2015(5):52-53.
[29] 郭玉生,杜广云. 中原地区主要树种育苗技术[M]. 北京:中国林业出版社,2006.
[30] 李庆梅,刘艳,等. 几种处理方式对皂荚直播造林地微环境和出苗率的影响[J]. 林业科学研究,2009,22(6):851-854.
[31] 林晓安,裴海潮,等. 河南林业有害生物防治技术[M]. 郑州:黄河水利出版社,2005.
[32] 胡芳名,何方,等. 经济林栽培学[M]. 北京:中国林业出版社,2012.
[33] 董振成,谢洪云. 特种用途皂荚优良无性系选择研究[J]. 山东林业科技,2006(3):325.
[34] 郝向春. 基于改接皂荚的野皂荚林改造模式研究[J]. 山西林业科技,2014(4):5-6.
[35] 胡国珠,武来成,等. 不同岩性土壤对皂荚幼树生长及生物量的影响[J]. 南京林业大学学报,2008(3):35-38.
[36] 王照平. 河南适生树种栽培技术[M]. 郑州:黄河水利出版社,2009.
[37] 王邦富. 林下经济植物栽培[M]. 北京:中国林业出版社,2014.